职业教育虚拟现实应用技术专业系列教材

虚拟现实技术概论

主　编　张金钊　徐丽梅　高　鹏
副主编　胡　瑛
参　编　刘　冰　钮立辉　王　丽　周　岩
　　　　孙天旭　黄金颖　王晓红　岳　坤　李岩（女）
　　　　杜世龙　孙凌祥　周玉凤　李岩（男）　王　岚

机 械 工 业 出 版 社

虚拟现实技术是"互联网+""一带一路"背景下的一种新技术,它是5G宽带网络、互动游戏设计、数字媒体设计、虚拟人物设计、人工智能、地理信息、虚拟仿真等相融合的高科技产品,是21世纪计算机领域的核心技术所在。

本书介绍了虚拟现实技术的相关内容,由浅入深、思路清晰、结构合理、实用性强。全书共8章,主要内容包括虚拟现实技术、增强现实技术、智能可穿戴技术、常见智能可穿戴设备、虚拟/增强现实技术的应用、建模仿真技术、X3D虚拟/增强现实开发和Unity 3D虚拟仿真游戏开发。

本书可作为各类职业院校虚拟现实应用技术及相关专业的教材,也可作为相关从业人员的自学参考书。

本书配有微课视频,可扫描书中二维码观看。本书还配有电子课件、教案、试题等资源,教师可登录机械工业出版社教育服务网(www.cmpedu.com)免费注册下载或联系编辑(010-88379194)咨询。

图书在版编目(CIP)数据

虚拟现实技术概论/张金钊,徐丽梅,高鹏主编. —北京:
机械工业出版社,2020.5(2024.9重印)
职业教育虚拟现实应用技术专业系列教材
ISBN 978-7-111-65613-5

Ⅰ. ①虚… Ⅱ. ①张… ②徐… ③高… Ⅲ. ①虚拟现实—职业教育—教材
Ⅳ. ①TP391.98

中国版本图书馆CIP数据核字(2020)第081915号

机械工业出版社(北京市百万庄大街22号 邮政编码100037)
策划编辑:梁 伟　　　　　责任编辑:梁 伟 张星瑶
责任校对:张 薇 刘雅娜　　封面设计:鞠 杨
责任印制:单爱军

北京虎彩文化传播有限公司印刷

2024年9月第1版第6次印刷
184mm×260mm · 11.25印张 · 259千字
标准书号:ISBN 978-7-111-65613-5
定价:39.00元

电话服务　　　　　　　　网络服务
客服电话:010-88361066　机 工 官 网:www.cmpbook.com
　　　　　010-88379833　机 工 官 博:weibo.com/cmp1952
　　　　　010-68326294　金 书 网:www.golden-book.com
封底无防伪标均为盗版　机工教育服务网:www.cmpedu.com

前言

　　虚拟现实技术涉及的专业领域十分广泛，包括工业、农业、商业、教育、娱乐、军事、航空航天等。随着计算机软、硬件和互联网技术的迅猛发展以及人机交互设备的不断更新换代，虚拟现实应用技术已逐渐走入人们的生活。

　　本书介绍了虚拟现实技术的相关内容，由浅入深、思路清晰、结构合理、实用性强。全书共8章，主要围绕虚拟现实技术、增强现实技术及智能可穿戴技术；智能可穿戴眼镜、智能可穿戴头盔及智能9D体验馆；X3D+Blender虚拟/增强现实开发平台以及Unity 3D+Blender虚拟/增强现实开发平台进行编写。虚拟现实技术是利用计算机系统、多种虚拟现实专用设备和软件构造的一种虚拟环境，可实现用户与虚拟环境之间的交互。增强现实技术作为计算机的前沿科技，是宽带网络、多媒体、游戏设计、虚拟人物设计、地理信息与人工智能相融合的高新技术。智能可穿戴技术应用于可穿戴智能设备，对日常穿戴进行智能化设计，开发出可以穿戴的设备，如眼镜、手套、手表、手环、智能首饰以及服饰等。X3D+Blender虚拟/增强现实开发设计平台将Blender仿真游戏引擎与X3D虚拟/增强现实交互技术无缝对接，把Blender的3D模型、材质、纹理、动画、物理特效等功能导入X3D虚拟/增强现实交互场景中，极大地提高了项目开发的效率。Unity3D+Blender虚拟/增强现实开发设计平台将Unity3D仿真游戏交互技术与Blender游戏引擎无缝对接，把Blender的3D模型、材质、纹理、动画、物理特效等功能直接导入Unity3D仿真游戏交互场景中直接使用，减少了二次开发与调整的时间，极大地提高了项目开发的效率。

　　本书由张金钊、徐丽梅、高鹏任主编，胡瑛任副主编，参加编写的还有刘冰、钮立辉、王丽、周岩、孙天旭、黄金颖、王晓红、岳坤、李岩（女）、杜世龙、孙凌祥、周玉凤、李岩（男）、王岚。

　　由于编者水平有限，书中难免存在疏漏和不足之处，恳请广大读者批评指正。

编　者

二维码索引

视频名称	二维码	页码	视频名称	二维码	页码
2.4.3 诺基亚360度全景相机		29	3.4-5 脑波		40
3.1 智能可穿戴设备的定义及特征		33	4.1 VRAR眼镜和智能头盔简介		41
3.2-1 智能可穿戴设备发展_应用		34	4.2.1 VRAR眼镜原理		42
3.2-2 智能可穿戴设备交互形式的变化		34	4.2.2 VRAR眼镜实现		43
3.3-1 智能可穿戴设备分类_内置		37	4.3.1 VRAR智能头盔原理		46
3.3-2 智能穿戴分类_外置设备		38	4.3.2 智能可穿戴头盔的功能实现		46
3.4-1 骨传导技术		39	4.4.1 智能9D体验馆架构		49
3.4-2 眼动技术		39	4.4.2 智能9D体验馆实现		49
3.4-3 ARMR语音		40	5.1 在航空航天和军事领域中的应用		52
3.4-4 体感技术与触觉技术		40	5.2 在工业仿真设计领域中的应用		54

视频名称	二维码	页码	视频名称	二维码	页码
5.3 在信息地理与城市规划中的应用		55	6.3.2-2 Blender 几何建模技术（实操1）		76
5.4 在医学领域中的应用		56	6.3.2-3 Blender 几何建模技术		76
5.5-1 在旅游与考古领域中的应用		57	6.3.2-4 Blender 几何建模技术（实操2）		77
5.5-2 虚拟旅游故宫 VR		57	6.3.2-5 Blender 几何建模技术（实操3）		78
5.6 在教育及网上购物中的应用		59	6.3.3-1 Blender 网格建模技术		80
5.7 在游戏设计及娱乐中的应用		62	6.3.3-2 Blender 网格建模技术		80
6.1 3ds Max 建模		64	6.3.3-3 Blender 网格建模设计		80
6.2 Maya 建模		70	6.3.4 Blender 虚拟仿真案例		102
6.3.1 Blender 建模简介		75	7.1 X3D 基础语法说明		108
6.3.2-1 Blender 几何建模技术		76	7.2 X3D 几何体造型语法剖析		115

目录

第1章 虚拟现实技术

学习目标

- 了解虚拟现实技术概况
- 掌握虚拟现实技术分类
- 理解虚拟现实动态交互感知设备
- 掌握虚拟现实技术发展

扫码看视频

虚拟现实（Virtual Reality，VR）是近年来出现的高新技术之一，也称灵境技术或人工环境。虚拟现实技术是利用计算机模拟产生一个三维空间的虚拟世界，并通过多种虚拟现实交互设备使参与者沉浸于虚拟现实环境中。参与者在该环境中直接与虚拟现实场景中的事物交互，在虚拟三维立体空间中根据需要自主浏览空间中的事物，从而产生身临其境的感受。虚拟现实技术使人在虚拟空间中得到与自然世界同样的感受，真实感受视觉、听觉、味觉、触觉以及智能感知所带来的直观而又自然的效果。

1.1 虚拟现实技术概况

虚拟现实技术是一项综合集成技术，涉及计算机图形学、人机交互技术、传感技术、人工智能等技术领域，它用计算机生成逼真的三维视觉、听觉、味觉、触觉等感觉，使人作为参与者通过适当的虚拟现实装置，自然地对虚拟世界进行体验和交互。使用者在虚拟三维立体空间进行位置移动时，计算机可以立即进行复杂的运算，将精确的 3D 世界影像传回而产生临场感。该技术集成了计算机图形技术、计算机仿真技术、人工智能、传感技术、显示技术、网络并行处理技术等最新的发展成果，是一种由计算机技术辅助生成的高技术模拟系统。

它是以计算机技术为平台，利用虚拟现实硬件、软件资源，实现的一种极其复杂的人与计算机之间的交互和沟通过程。虚拟现实技术为人类创建了一个虚拟空间，使参与者与虚拟现实环境中的三维造型和场景进行交互和感知，并产生视觉、听觉、触觉、嗅觉等方面的身临其境的感受。

它通过计算机对复杂数据进行可视化操作与交互。与传统的人机界面以及流行的视窗操作相比，虚拟现实在思想技术上有了质的飞跃。

计算机将人类社会带入崭新的信息时代，尤其是计算机网络的飞速发展使地球变成了一个"地球村"。早期的网络系统主要传送文字、数字等信息，随着多媒体技术在网络上的应用，目前的计算机网络无法承受如此巨大的信息量，因此人们开发出信息高速公路，即宽带网络系统，而在信息高速公路上驰骋的高速跑车就是 X3D/VRML200X 虚拟现实第二代三维立体网络程序设计语言。它使用的是计算机前沿科技虚拟现实技术和虚拟现实开发工具 X3D/VRML200X，利用软件工程的思想进行开发、设计、编程、调试和运行。通过虚拟现实语言 X3D/VRML200X 生动、鲜活的软件项目开发实例，由浅入深、循序渐进地提高读者的学习和编程能力，使读者能够真正体会到软件开发的实际意义和真实效果，获得无穷乐趣。

虚拟现实是利用计算机系统、多种虚拟现实专用设备和软件构造出的一种虚拟环境，实现了用户与虚拟环境直接进行自然交互和沟通。人通过虚拟现实硬件设备，如三维头盔显示器、数据手套、三维语音识别系统等与虚拟现实计算机系统进行交流和沟通，亲身感受到虚拟现实空间真实的、身临其境的快感。

虚拟现实系统与其他计算机系统的本质区别是模拟真实的环境。虚拟现实系统模拟的是真实环境、场景和造型，把"虚拟空间"和"现实空间"有机地结合形成一个虚拟的时空隧道，即虚拟现实系统。

虚拟现实技术的特点主要体现在虚拟现实技术的多感知性（Multi-Sensory）以及沉浸感（Immersion）、交互性（Interaction）、想象性（Imagination）（简称 3I 特性），还体现在网络功能、多媒体技术、人工智能、计算机图形学、动态交互智能感知、程序驱动三维立体造型与场景等方面。其特点的具体表现如下：

1）多感知性是指除了一般计算机技术所具有的视觉感知之外，还具有听觉感知、力量感知、触觉感知、运动感知，甚至包括味觉感知、嗅觉感知等人类所具有的全部感知功能。

2）沉浸感又称临场感，是指用户感到作为主角存在于模拟环境中的真实程度。理想的模拟环境应该使用户难以分辨真假，使用户全身心地投入到计算机创建的三维虚拟环境中，该环境中的一切看上去是真实的，听上去是真实的，动起来是真实的，甚至闻起来、尝起来等一切感觉都是真实的，如同在现实世界中一样。

3）交互性指用户对模拟环境内物体的可操作程度和从环境得到反馈的自然程度（包括实时性）。用户可以用手去直接抓取模拟环境中虚拟的物体，这时手有握着东西的感觉，并可以感觉到物体的重量，视野中被抓的物体也能立刻随着手的移动而移动。

4）想象性强调虚拟现实技术应具有广阔的可想象空间，可以拓宽人类的认知范围，不仅可再现真实存在的环境，还可以随意构想出客观不存在的甚至是不可能发生的环境。虚拟现实技术充分发挥了人类的想象力和创造力，在多维信息空间中，依靠人类的认识和感知能力获取知识，发挥主观能动性，去拓宽知识领域、开发新的产品，把"虚拟"和"现实"有机地结合起来，使人类的生活更加富足、美满和幸福。

5）具有强大的网络功能，可以通过运行 X3D/VRML200X 程序直接接入 Internet，创建立体网页与网站。

6）具有多媒体功能。能够实现多媒体制作，将文字、语音、图像、影片等融入三维立体场景，并合成声音、图像以及影片，达到舞台影视的效果。

7）创建三维立体造型和场景，实现更好的立体交互界面。

8）具有人工智能，主要体现在 X3D/VRML200X 具有感知功能。利用感知传感器节点来感受用户以及造型之间的动态交互感觉。

9）动态交互智能感知。用户可以借助虚拟现实硬件设备或软件产品直接与虚拟现实场景中的物体、造型进行动态智能感知交互，产生身临其境的真实感受。

10）利用程序驱动三维立体模型与场景，便于与各种程序设计语言、网页程序进行交互，有着良好的程序交互性和接口，便于实现系统扩充、交互、上网等功能。

11）虚拟人设计，指 X3D 虚拟人动画节点设计，即 X3D 虚拟人动画组件设计。在虚拟空间中设计逼真的三维立体虚拟人，与之进行动态交互、交流等。

12）地理信息系统，指 X3D 地理信息节点的设计可实现数字地球、数字城市、数字家庭等，即地理信息学组件，包括如何在真实世界位置和 X3D 场景中的元素之间建立关联，以及详细说明协调地理应用的节点。

13）曲面设计，指复杂曲面节点设计，涵盖曲线与曲面设计，实现高级复杂曲面的开发和设计。

14）CAD 设计，指利用 X3D/CAD 组件实现从 CAD 到 X3D 的转换，提高软件的开发效率。

15）分布式交互系统，指利用分布式计算机系统提供的强大功能以及利用分布式本身的特性，实现虚拟分布式系统带来的无穷魅力。

一般来说，一个完整的虚拟现实系统由虚拟环境、以高性能计算机为核心的虚拟环境处理器、以头盔显示器为核心的视觉系统、以语音识别、声音合成与声音定位为核心的听觉系统、立体鼠标、跟踪器、数据手套和数据衣为主体的身体方位姿态跟踪设备、味觉、嗅觉、触觉以及力反馈系统等功能单元构成。

扫码看视频

1.2 虚拟现实技术分类

虚拟现实技术分类主要包括：沉浸式虚拟现实技术、分布式虚拟现实技术、桌面式虚拟现实技术、增强式虚拟现实技术、纯软件虚拟现实技术和可穿戴虚拟现实技术等。

虚拟现实技术的开发者以计算机硬件系统、操作系统以及"互联网＋"为平台，在 UNIX、Windows、Linux、Mac OS X 以及 Android 等操作系统下开发虚拟 / 增强现实产品和可穿戴虚拟现实产品。虚拟现实技术分类层次框图如图 1-1 所示，底层为计算机硬件系统，中间层包含计算机操作系统及 VR/AR 系统，上层包含沉浸式虚拟现实系统、桌面式虚拟现实系统、分布式虚拟现实系统、增强式现实系统、纯软件虚拟现实系统、可穿戴虚拟现实系统等。

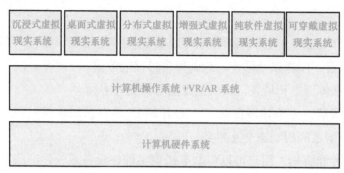

图 1-1　虚拟现实技术分类层次框图

虚拟现实技术的发展、普及要从廉价的纯软件虚拟现实开始，逐步过渡到桌面式基本虚拟现实系统，然后进一步发展为完善沉浸式硬件虚拟现实。经过 3 个发展历程，最终实现真正具有真实动态交互和感知的虚拟现实系统，实现人类真实的视觉、听觉、触觉、嗅觉、漫游和移动物体等身临其境的感受。

一个典型的虚拟现实系统包括以高性能计算机为核心的虚拟环境处理器、虚拟现实软件系统、虚拟现实硬件设备、计算机网络系统和人类活动。

完整的计算机系统包括计算机硬件设备、软件产品、多媒体设备以及网络设施。它可以是一台大型计算机、工作站或个人计算机（PC）。虚拟现实软件系统：虚拟现实软件 X3D/VRML200X、Java3D、OpenGL、Vega 等，主要用于软件项目开发与设计。虚拟现实硬件设备包括虚拟现实三维动态交互感知硬件设备，主要用于将各种控制信息传输到计算机，虚拟现实计算机系统再把处理后的信息反馈给参与者，实现人与虚拟现实计算机系统的真实动态交互和感知效果。

虚拟现实硬件设备可以实现虚拟现实场景中人和机的动态交互感觉，充分体验虚拟现实中的沉浸感、交互性、想象性，如三维立体眼镜、数据手套、数据头盔、数据衣服以及各种动态交互传感器设备等。下面介绍主要虚拟现实系统，典型的包括桌面虚拟现实系统、沉浸式虚拟现实系统、分布式虚拟现实系统、增强现实系统、纯软件虚拟现实系统以及可穿戴式虚拟现实系统。

1.2.1　桌面虚拟现实系统

桌面虚拟现实系统（Desktop VR System）是一套基于普通 PC 平台的小型桌面虚拟现实系统，利用中低端图形工作站及立体显示器来产生虚拟场景。参与者使用位置跟踪器、数据手套、力反馈器、三维鼠标或其他手控输入设备，实现虚拟现实技术的重要技术特征：多感知性、沉浸感、交互性、真实性等。在桌面虚拟现实系统中，计算机的屏幕是参观者观察虚拟境界的窗口，在一些专业软件的帮助下，参与者可以在仿真过程中设计各种环境。立体显示器是用来观看设计的虚拟三维场景的立体效果，它所带来的立体视觉能使参与者产生一定程度的投入感。

桌面虚拟现实系统中主要的功能模块包括计算机系统、显示系统、利用摄像头的光学跟踪系统、音响系统以及网络系统等。在桌面虚拟现实系统中，人们将面对一个显示屏幕，通过屏幕的窗口可以看到一个虚拟世界。窗口中的景象看起来真实、听起来生动，如汽车模拟器、飞机模拟器、电子会议等。这类系统的优点是用户比较自由，不需要佩戴头盔和耳机，也不需要数据手套和跟踪器，并且允许多个用户同时加入系统，对用户数的限制较小。但桌面虚拟现实系统难以解决双目视觉竞争问题，难以构造用户沉浸于其中的虚拟环境，而沉浸式虚拟现实系统可以从根本上解决这一问题。桌面虚拟现实系统如图 1-2 所示。

图 1-2 桌面虚拟现实系统

1.2.2 沉浸式虚拟现实系统

沉浸式虚拟现实系统（Immersive VR System）要求用户戴上立体眼镜、立体显示头盔、数据手套、数据衣等，使用户在与计算机产生的三维图形交互中形成一个虚拟的三维环境。用户在这个三维虚拟环境中，可以行走、飞行，可以多感知地（如视觉、听觉、触觉等）与三维虚拟物体交互，其真实性感觉或效果与人在现实环境中类似。由于虚拟现实把人在三维虚拟世界中的感觉和行为现实化，因此把这样的虚拟现实系统称为沉浸式虚拟现实系统。沉浸式虚拟现实系统利用封闭的三维立体视景和音响系统，使用户"进入"计算机系统所产生的虚拟世界中，产生身临其境的效果。这是一类比较高级的虚拟现实系统，它把用户的个人视点完全沉浸到虚拟世界中。按照沉浸式虚拟现实设备的不同，该系统可分为基于头盔显示器的虚拟现实系统、CAVE 系统、环幕式系统、工作墙系统、全息工作台系统、球形工作间系统等。

1. 基于头盔显示器的沉浸式虚拟现实系统

这种系统利用各种头盔显示器把人的视觉、听觉和其他感觉封闭在一起，通过数据手套、头部跟踪器等交互装置，使用户完全置身于计算机生成的环境中，产生一种身在虚拟环境中的错觉。计算机通过用户戴的数据手套和跟踪器可以测试出用户的运动和姿态，并将测得的数据反馈到生成的视景中，产生身临其境的效果。基于头盔显示器的沉浸式虚拟现实系统如图 1-3 所示。

图 1-3 基于头盔显示器的沉浸式虚拟现实系统

2. CAVE 系统

CAVE（Cave Automatic Virtual Environment）系统，在外形上是使用投影系统、围绕着观察者具有多个图像画面的虚拟现实系统，多个投影面组成一个空间结构。在理论上是基于计算机图形学把高分辨率的立体投影技术和三维计算机图形技术、音响技术、传感器技术等有机结合，产生一个供多人使用的完全沉浸的虚拟环境，如图 1-4 所示。

CAVE 是由 3 个后投影屏（作为墙）、1 个下投影屏（作为地板）构成的一个封闭空间。高分辨率投影仪以 120Hz 的场刷新频率显示计算机生成的立体图像，同时计算机控制放大器通过扬声器网转播选定的声音。在 CAVE 环境中，用户（一人或多人）感到被高分辨率的三维图像、声音包围，体验到沉浸入虚拟环境的强烈感觉。较早的一个 CAVE 系统是"壁橱式大教堂"（the Closet Cathedral），它能够使实际处于较小空间的观众产生处于极其广阔的环境中的印象。在 CAVE 虚拟环境中，当具备结合模拟软件的额外处理能力后，用户就可交互地探索新景观，体验到实时的视觉回应。CAVE 的典型应用包括交互式分子造型、科学计算可视化、声音模拟、机械制造、建筑设计、天气模拟及医学造型等。CAVE 系统如图 1-4 所示。

图 1-4　CAVE 系统

在 CAVE 中，观察者的视点位置会通过位置传感器实时反馈给计算机，计算机实时生成各屏幕的图像，然后在各屏幕上计算出立体图像，观察者戴上立体眼镜就可以看到三维空间立体效果，产生身临其境的感觉。同时系统中配备三维交互跟踪设备，观察者不需移动，只要操作手上的按钮，就可以大范围地调节观察范围，在空间中进行"漫游""飞行"等特殊体验，这些特殊体验和感觉在非 CAVE 系统中是无法体验的。

1.2.3　分布式虚拟现实系统

分布式虚拟现实系统（Distributed VR System）是虚拟现实与互联网（Internet）、内联网（Intranet）和外联网（Extranet）、信息高速公路（Information Super-highway）等技术的结合。随着互联网的发展，虚拟现实研究领域出现了另一个新的研究方向，即在线虚拟现实方向。在线虚拟现实是指分布在不同地理位置的人，通过网络连接到网上三维环境，用户在该三维环境中，可以行走、飞行，也可以与虚拟物体或其他用户交互。在这个系统中用户不必戴上立体眼镜、数据手套等。

分布式虚拟现实系统的基础是计算机网络技术、实时图像压缩技术等，它的关键是分布式交互仿真协议。分布式虚拟现实系统是更高级的系统，它在沉浸式虚拟现实系统的基础上将多个用户连在一起，共享同一虚拟空间，从而为用户提供一个更为真实的人工合成环境。随着高速网、宽带网的发展以及计算机计算和三维图形处理能力的提高，沉浸式虚拟现实技术将会逐渐地与互联网融合在一起，分布式虚拟环境也同时成为沉浸式虚拟环境。

在分布式虚拟环境中，通过宽带网络可以将分布在世界各地的各种服务器由高速计算机网络连接起来。通过预警机将分布在不同地理位置的独立虚拟现实系统通过网络共享信息，多个用户在一个共享的三维虚拟环境中进行交互，协作完成一项任务。分布式虚拟现实系统如图 1-5 所示。

图 1-5 分布式虚拟现实系统

在分布式虚拟环境中，每个独立的虚拟现实系统称为一个"节点"或"主机"。每个用户在虚拟环境中用"实体（Entity）"表示，也称为"化身（Avatar）"或"对象（Object）"。在线虚拟现实一般把人与人之间的社会交互作为系统的重点。在线虚拟现实通常被称为分布式虚拟现实系统。

1.2.4 增强现实系统

增强现实（Augmented Reality，AR）系统是近年来国内外众多知名大学和科研机构的研究热点之一。增强现实也被称为混合现实，它通过计算机技术将虚拟的信息应用到真实世界，真实的环境和虚拟的物体实时地叠加到同一个画面或空间中。增强现实提供了在一般情况下人类无法感知的信息。它不仅展现了真实世界的信息，而且将虚拟的信息同时显示出来，两种信息相互补充、叠加。在视觉化的增强现实中，用户利用头盔显示器把真实世界与计算机图形多重合成在一起，便可以看到真实的世界围绕着它。增强现实借助计算机图形技术和可视化技术产生现实环境中不存在的虚拟对象，并通过传感技术将虚拟对象准确"放置"在真实环境中，借助显示设备将虚拟对象与真实环境融为一体，并呈现给使用者一个感官效果真实的新环境。因此增强现实系统具有虚实结合、实时交互、三维注册的新特点。

在上海交通大学、德国帕得博恩大学等共同主办的第二届中德"虚拟现实与增强现实技术及其工业应用"研讨会上展示了爱迪斯通带来的完整的 3D 工业仿真产品，会议以推动虚拟现实及增强现实技术在中国工业领域的应用、增强中国工业创新能力为主题，旨在为科研人员、企业和供应商搭建技术发展和应用经验的交流平台，展示 VR/AR 在工业过程应用中最新的发展和成效。共享使 VR/AR 工业应用成为可能的研究成果，从而促成广泛而深入的工业应用。3D 工业仿真系统如图 1-6 所示。

图 1-6　3D 工业仿真系统

在全球经济一体化的大趋势下，产品创新是实现制造业自主创新的根本，而 VR/AR 技术则是设计创新的重要手段，特别是军工、汽车、石化等国家支柱行业对 VR/AR 有着迫切的需求。力反馈、光学捕捉等前沿技术已经逐步应用到工业设计中，并得到了业界的青睐，增强现实技术可以把虚拟表现与物理世界中的感觉结合起来，推动行业及技术的发展。

1.2.5　纯软件虚拟现实系统

虚拟现实硬件系统集成高性能的计算机软件系统、硬件及先进的传感器设备等，设计复杂、价格昂贵，不利于虚拟现实技术的发展、推广和普及，因此，虚拟现实技术软件平台的出现成为历史发展的必然。

虚拟现实技术软件平台以传统计算机为依托，以虚拟现实软件为基础，构造出大众化的虚拟现实三维立体场景，只需投入虚拟现实软件产品，同样可以达到虚拟现实的动态交互效果。

纯软件虚拟现实系统也称大众化模式，是在无虚拟现实硬件设备和接口的前提下，利用传统的计算机、网络和虚拟现实软件环境实现的虚拟现实技术。其特点是投资最少、效果显著，属于民用范围，适合于个人、小集体开发使用，是既经济又实惠的一种虚拟现实的开发模式。虚拟现实软件的典型代表有 X3D、VRML、Java3D、OpenGL 以及 Vega 等软件产品。纯软件虚拟现实系统开发的虚拟现实项目如图 1-7 所示。

图 1-7 纯软件虚拟现实系统开发的虚拟现实项目

1.2.6 可穿戴式虚拟现实系统

可穿戴式虚拟现实系统即可穿戴式交互设备，是虚拟现实重新定义并打造的可穿戴式交互设备。世界正在进入"科幻时代"，从前只能在科幻片里看到的东西，正在一件件出现在现实生活中，"未来科技"虚拟现实技术正在向人们走来。可穿戴式智能设备是可穿戴式技术对日常穿戴进行智能化设计、开发出的可以穿戴的设备总称，如眼镜、手套、手表、服饰、鞋等。可穿戴式智能设备包括功能齐全、尺寸大小适中、可不依赖智能手机实现完整或者部分的功能，如智能手表或智能眼镜等，以及只专注于某一类应用功能，需要和其他设备（如智能手机）配合使用，如各类进行体征监测的智能手环、智能首饰等。随着技术的进步以及用户需求的变迁，可穿戴式智能设备的形态与应用热点也在不断地变化。可穿戴智能交互设备如图 1-8 所示。

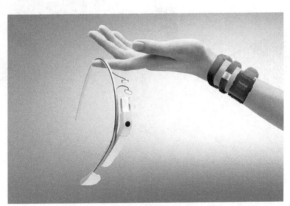

图 1-8 可穿戴智能交互设备

1.3 虚拟现实动态交互感知设备

虚拟现实动态交互感知设备主要包括三维立体眼镜、3D 头盔显示器（HMD）、数据手套（Data Glove）、数据衣（Data Suit）、跟踪设备（Tracking Equipment）、控制球（Sphere Controller）、三维立体声耳机（Three Dimensional Earphone）、三维立体扫描仪和三维立体

1.3.1　三维立体眼镜

三维立体眼镜是用于 3D 模拟场景 VR 效果的观察装置，它利用液晶
光阀高速切换左右眼图像的原理来增加沉浸感，它支持逐行和隔行的立体显示观察，它可分
为有线和无线两大类，是目前最为流行和经济适用的 VR 观察设备。

有线立体眼镜的镜框上装有电池及液晶调制器控制的镜片，立体监视器装有红外线发
射器，根据监视器显示左右眼视图的频率发射红外控制信号。有线立体眼镜的液晶调制器
接收到红外控制信号后，调制左右镜片上的液晶光阀的通断状态，控制左右镜片的透明和
不透明状态。轮流高速切换镜片的通断，使左右眼分别只能看到监视器上显示的左右图像。
有线立体眼镜的图像质量好、价格高、活动范围有限。

无线立体眼镜是在立体眼镜的左右镜片上，利用两片正交的偏振滤光片，分别只容许
一个方向的偏振光通过。监视器显示器前还安装有一块与显示屏同样尺寸的液晶立体调制
器，监视器显示的左右眼图像经液晶立体调制后形成左偏振光和右偏振光，分别透过无线立
体眼镜的左右镜片，实现左右眼分别只能看到监视器上显示的左右图像的目的。无线立体眼
镜价格低廉，适合于大众消费。三维立体眼镜如图 1-9 所示。

图 1-9　三维立体眼镜

1.3.2　数据手套

数据手套是虚拟现实应用的基本交互设备，它作为一只虚拟的手或
控件用于三维虚拟现实场景的模拟交互，可进行物体抓取、移动、装
配、操纵、控制。数据手套具有有线和无线、左手和右手之分，可用于
WTK、Vega 等 3D VR 或视景仿真软件环境中。在数据手套上有一个附加在手背上的传
感器，以及附加在拇指和其他手指上的弯曲的柔件传感器，各个柔件传感器可用于测定
拇指及其他手指的关节角。该系统向手套控制器询问它的当前数据，可以使系统在任何
时刻计算出手的位置和方向。几种常用的数据手套如图 1-10 所示。

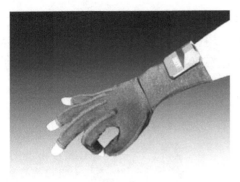
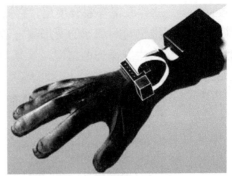

图 1-10　几种常用的数据手套

1.3.3　头盔显示器

扫码看视频

　　头盔显示器（Head Mounted Display，HMD）是沉浸式虚拟现实系统中最主要的硬件设备，用于观测和显示虚拟现实系统的三维立体场景和造型。HMD 是将小型显示器的影像透过自由曲面棱镜变成三维立体的视觉效果。HMD 具有头戴式显示器功能，使用方便、快捷，可以直接与计算机相连，在 HMD 上辅以空间跟踪定位器可对沉浸式虚拟现实系统的三维立体输出效果进行观察和自由移动。沉浸式头盔显示器优于桌面式立体眼镜的显示效果。

　　头盔显示器通常固定于用户的头部，用两个 LCD 或 LED 显示，分别向左右眼睛显示由虚拟现实场景中生成的图像。左右两个显示屏中的图像是由计算机图形控制部分分别驱动的，屏幕上的两幅图像存在着视差，类似人类的双眼视差，大脑最终将融合这两幅图像获得三维立体效果。头盔显示器上装有头部位置跟踪设备，虚拟现实用户头部的动作和视觉能够得到实时跟踪，计算机随时可以知道用户头部的位置及运动方向。计算机随着用户头部的运动相应地改变呈现在用户视野中的图像，提高了用户的临场沉浸感，使用户获得了更好的三维立体视觉效果。几种常见的头盔显示器如图 1-11 所示。

图 1-11　几种常见的头盔显示器

1.3.4　三维空间跟踪球

扫码看视频

　　三维空间跟踪球是虚拟现实系统中的一个基本的交互设备，该设备用于 6 个自由度虚拟现实场景的模拟交互，可从不同的角度和方位对虚拟空间的三维物体进行观察、浏览、操纵，即物体沿着 x 轴、y 轴、z 轴 3 个自由度运动；围绕 x 轴、y 轴、z 轴 3 个旋转轴旋转。三维空间跟踪球既可作为 3D 鼠标，也

可以与数据手套、立体眼镜等联合使用，它被装在一个凹形支架上，可以扭转、挤压、按下、拉出和摇晃等。三维空间跟踪球的变形测定器可以测量用户施加在该球上的力度，还配有传感器测量物体 6 个自由度操作的情况，实现并完善三维交互过程。三维空间跟踪球与 3D 鼠标设备如图 1-12 所示。

图 1-12　三维空间跟踪球与 3D 鼠标设备

1.3.5　三维空间跟踪定位器

扫码看视频

三维空间跟踪定位器是虚拟现实系统中用于空间跟踪定位的装置，一般与其他虚拟现实设备结合使用，如数据头盔、立体眼镜、数据手套等，使参与者在空间上能够自由移动、旋转，不局限于固定的空间位置，操作更加灵活、自如、随意。三维空间跟踪定位器有 3 个或 6 个自由度，用户可根据使用情况选择相应的产品。三维空间跟踪定位器如图 1-13 所示。

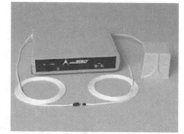

图 1-13　三维空间跟踪定位器

1.3.6　力反馈器

力反馈器是虚拟现实研究中的一种重要的设备，该设备能使参与者实现虚拟环境中除视觉、听觉之外的第三感觉——触觉和力反馈感，进一步增强虚拟环境的交互性，从而真正体会到虚拟世界中的交互真实感。该设备被广泛应用于虚拟医疗、虚拟装配等诸多领域。

1）触觉反馈装置：视觉的触觉反馈、电刺激式和神经肌肉刺激式触觉反馈、充气式触觉反馈、振动式触觉反馈。

2）力反馈装置：机械臂式、操纵杆式。力反馈装置如图 1-14 所示。

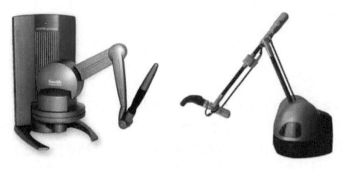

图 1-14　力反馈装置

1.3.7　三维模型数字化仪

三维模型数字化仪（三维扫描仪）是一种先进的三维建模设备，该设备与计算机系统相连。三维模型数字化仪利用 CCD 成像、激光扫描等技术实现三维模型的采样，利用配套的矢量化软件对三维模型数据进行数字化。该设备特别适合建立一些不规则的三维物体造型，如人体器官、骨骼、雕像的三维建模等。三维扫描仪硬件设备如图 1-15 所示。

扫码看视频

图 1-15　三维扫描仪硬件设备

1.3.8　三维立体显示器

三维立体显示器是最近问世的一项高新技术产品，过去的立体显示和立体观察都是在 CRT 监视器上戴上液晶光阀的立体眼镜进行观看，并且需要通过编程开发才能实现立体显示和立体观察。而该立体显示器则摆脱了以往的技术需求，不需要任何编程开发就可以实现三维模型的立体显示，只需要用肉眼即可观察到立体显示效果，不需要戴任何立体眼镜设备；同时，它也可以实现视频图像的立体显示和立体观察，如立体电影。虚拟现实的立体显示如图 1-16 所示。

扫码看视频

图 1-16　虚拟现实的立体显示

1.4 虚拟现实技术发展

扫码看视频

1.4.1 发展现状

虚拟现实技术是 20 世纪末才兴起的一门计算机前沿科技，它集数字图像处理、计算机图形学、多媒体技术、传感与测量技术、仿真与人工智能等多学科于一体，为人们建立起一种逼真的、虚拟的、交互式的三维空间环境，能对人的活动或操作做出实时准确的响应，使人仿佛置身于现实世界之中。这种虚拟境界是由计算机生成的，但它又是现实世界的真实反映，故称为虚拟现实技术。

虚拟现实程序设计语言 X3D/VRML200X 是利用虚拟现实技术在计算机中创建出一种虚拟环境，通过视觉、听觉、触觉、味觉、嗅觉以及生理反应等感知器，使用户产生一种与现实生活相同的感受，有身临其境的感觉甚至生理感觉，实现用户与虚拟现实环境的直接交互。虚拟现实程序设计语言 X3D/VRML200X 涉及计算机网络、多媒体以及人工智能技术三大领域以及自然科学、社会科学和哲学。虚拟现实环境一般包括计算机图形学、图像处理、模式识别、传感器、语音处理、网络技术、并行处理、人工智能等高新技术，还涉及天文、地理、数学、物理、化学、美学、医学、军事、生理和心理等领域。

计算机硬件技术、网络技术以及多媒体技术的融合与高速发展，使虚拟现实技术获得长足的进步并且能在 Internet 网络上得以实现和发展。目前网站使用的多为二维图像与动画网页，而采用虚拟现实程序设计语言 X3D/VRML200X 可设计出虚拟现实三维立体网页场景和立体景物。例如，利用虚拟现实技术制造出一个逼真的"虚拟人"，为医学实习、治疗、手术及科研做出贡献；也可在军事领域设计一个"模拟战场"进行大规模高科技军事演习，既可以节省大量费用，又使部队得到了锻炼；在航空航天领域中，可以制造一个"模拟航天器"来模拟整个航天器的生产、发射、运行和回收的过程。此外，还可以应用于工业、农业、商业、教学、娱乐和科研等方面。虚拟现实技术的应用前景非常广阔，而虚拟现实程序设计语言 X3D/VRML200X 是 21 世纪集计算机网络、多媒体、游戏设计以及人工智能为一体的优秀的开发工具和手段。

虚拟现实硬件系统集成了高性能的计算机软件、硬件及先进的传感器设备，这也造成虚拟现实硬件系统的设计复杂、价格昂贵，不利于虚拟现实技术的发展、推广和普及。因此，虚拟现实技术软件（平台）的出现成为历史发展的必然。虚拟现实软件技术（平台）其传统计算机为依托，以虚拟现实软件为基础，构造出大众化的虚拟现实三维立体场景。它实现了虚拟现实硬件设备零投入，只需投入虚拟现实软件产品，就可以达到虚拟现实的动态交互效果。

我国在 2016 年 3 月发布的"十三五"规划纲要中明确提出：大力支持虚拟现实（VR）等新兴前沿领域创新和产业化。这是"虚拟现实"首次出现在国家规划中，无疑为虚拟现实的健康发展再添一把火。无论是在资本市场、各种 VR 相关会议的爆满，还是各种媒体上相关话题的关注度，都表明市场对 VR 的期待值不断增加，VR 的时代就要来临。在此形势下，产业界应当如何在虚拟现实领域获取发展先机，政府应该采取何种战略规划好虚拟现实产业的顶层设计，以便更加有力地推动我国虚拟现实的健康发展，都是值得研究的问题。

1.4.2 发展趋势

虚拟现实（VR）是借助计算机系统及传感器技术生成一个交互三维环境，通过动作捕捉装备，给用户带来一种身临其境的沉浸式体验；而增强现实（AR）需要清晰的头戴设备看清真实世界和重叠在上面的各种信息和图像。VR 和 AR 从产品形态和应用场景上来看界限并不明显，未来两者融合的概率非常大。

虚拟现实并不是一个新事物，1989 年 VR 被首次提出，然而并未获得市场认可。随着 Facebook 收购 Oculus 以及技术的不断完善，VR 在 2014 年迎来发展元年，2014 ～ 2016 年，VR 处于市场培育期。2017 ～ 2019 年，随着广泛的产品应用出现，VR 进入快速发展期，知名品牌产品的上市带动 VR 消费级市场认知的加深和启动，同时也带动 VR 企业级市场的同步全面发展。2020 年，虚拟现实市场将进入相对成熟期，产业链逐渐完善。

虚拟现实全产业链分析如图 1-17 所示。从虚拟现实产业链看，包括硬件、软件、应用（内容）和服务，硬件包含零部件和设备；软件包含信息处理和系统平台；应用（内容）包含开发与制作；服务包含分发及运营。

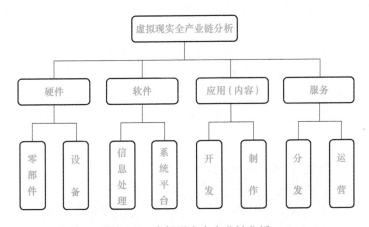

图 1-17 虚拟现实全产业链分析

企业级应用的内容拓展有望推动 VR 全面稳步发展。目前虚拟现实类产品尚未触发消费者购买痛点的一个重要原因就是内容的缺失。由于成本较高等原因，企业级应用除了在军事应用方面有国家大量的经费支持，且关系到国防安全已有一定发展基础、房地产类等行业对 VR 投资较高外，其他领域还有待加强。

新一代 GPU、显示、传感等技术的进步支撑着 VR 发展。基于新一代 GPU、CPU、显示技术等技术进步，VR 设备的延迟技术、追踪算法以及交互技术得以改进，产品的延迟和晕眩感问题将得到改善；计算机图形技术、显卡性能等得到改善，屏幕分辨率和刷新率将进一步提升。

消费级和企业级的 VR 设备形态分化将日趋明显。移动类 VR 将成为消费级 VR 市场的主流形态，但未来 VR 一体机将逐步成为主流；PC 级头盔将成为企业级市场的主流设备，这部分市场对计算能力要求高、使用便捷性要求较低，因而更适用于企业级市场。

VR 应用场景多样，消费级应用最贴近市场，其中游戏是 VR 的终极应用者。而企业级应用则需要靠企业、政府等多方面市场主体共同推动，目前来看，军事、房地产、工程和教育最有可能成为引领企业级市场的应用。

1.4.3 应用领域

虚拟现实技术应用已经深入教育、科研、生产、生活、影视娱乐、安防、军事以及餐饮等各个领域，VR 产业与 5G 产业相互融合并相互促进。虚拟现实技术在近年来快速发展，2014 ～ 2016 年是 VR 产业的市场培育期，图像处理能力提升；2017 年是产业的快速发展期；2018 ～ 2019 年迎来产业的高速发展期，出现了广泛的产品应用。经过几年的发展，VR 对于很多人来说变得不再陌生，但由于 VR 技术与设备的局限性，VR 还没有真正意义上进入千家万户。

（1）VR 在教育领域的应用

虚拟现实人机交互应用的实验效果显著，主要涵盖物理、化学、生物、数学、天文和地理等，另外还有人机交互的技术，包括视觉、听觉、触觉、嗅觉，核心是虚实融合、以人为本。中学实验中看不见、看不清或者有危险的实验，都可以通过 VR 的方法来进行。为了增强具体实验的体验，要使用多模态人机交互的方法让学生体验，而不是简单地放在屏幕上去看。

近年来，政府部门出台了一系列相关政策鼓励在教育教学中使用 VR/AR 技术，VR 虚拟仿真实验的作用就是"以虚构实、以虚补实、以虚验实"。还要顺应教育规律，创造主动学习条件。VR 教学已经在国际产生了一种潮流，已经成为教学的非常重要的补充，甚至是教学手段的非常重要的表现形式。VR 虚拟现实在教学中的应用如图 1-18 所示。

图 1-18 VR 虚拟现实在教学中的应用

（2）VR 还原广岛原子弹爆炸事件

1945 年，美军向日本广岛、长崎投了原子弹，整个天空都被黑暗笼罩，建筑物被夷为平地，大量平民和军人伤亡。为了铭记这段历史，日本学生利用 VR 还原了广岛遭受原子弹轰炸前后的场景，画面十分震撼。VR 还原广岛原子弹爆炸项目的开发历时两年，人们可体验原子弹爆炸瞬间将广岛变成废墟的那个时刻，感受当时人们内心的慌乱与恐惧。

　　该体验时长 5 分钟，用户既可以体验到广岛被轰炸前的繁荣景象，回溯这里曾经屹立的建筑和繁荣的商业，也可以感受其被轰炸后，片刻之间整座城市成为一片废墟，大楼夷为一片平地，无数人受伤乃至丧生。两种画面形成的鲜明反差令人震撼，引人深省。VR 还原广岛原子弹爆炸事件如图 1-19 所示。

图 1-19　VR 还原广岛原子弹爆炸事件

（3）航空公司推出机上 VR 体验

　　航空公司推出了一项 VR 体验，可让乘客在乘坐飞机时虚拟游览目的地。该体验旨在让乘客随时游览风景，而不怕错过美景，让乘客在 VR 头盔中探索沿途各国的风情。首批使用的是前往迪拜的航班，乘客可以戴上 VR 头盔，扫描 3D 地图，并选择各种感兴趣的地方观看。

　　搭乘 LH630 航班从法兰克福飞往迪拜的乘客是第一批进行 VR 体验的乘客。当他们飞越维也纳时，乘客们可以参加一个虚拟的古典音乐会或乘坐普拉特摩天轮。航空公司推出机上 VR 体验如图 1-20 所示。

图 1-20　航空公司推出机上 VR 体验

（4）VR 在影视中的应用

卡尔斯鲁厄艺术与设计大学的荣誉教授、导演、制片人 Ludger Pfanz 以《人工智能与艺术智能》为主题开启了沉浸式影像内容制作的序幕。目前 AI（人工智能）已经开始运用到 VR 电影、影像、歌曲等众多形式的艺术创作中，就常规影像而言，知识性、方法性和内容的视频化已经成为潮流，好奇只是观看影像的一种驱动力，更重要的驱动力一定是让观众感到有用，让他们感到能够帮助他们拓展视野、增强能力，能够帮助他们解决日常生活中的问题。人们正在观看 VR 电影的情况如图 1-21 所示。

图 1-21　人们正在观看 VR 电影的情况

（5）VR 在安防领域的应用

VR 在安防上的应用前景得到了大众的一致肯定。VR、AR、5G 等新技术在安防行业不断应用，催生了新技术、新产品和新模式，已经成为产业发展的核心驱动力。利用 VR 和 5G 建立的综合社区管理方案在实施过程中收到了可喜的效果，可以说为"VR+ 安防"技术落地开了先河。

VR 模拟安防演习系统，为消防安全领域提供解决时空限制、降低成本的系统解决方案，结合多种场景进行定制，展现了 VR 技术在安防领域的专业表现和用户体验水准。集模拟消防逃生救援、消防员训练等模块于一体的 VR 模拟安防演习系统方案如图 1-22 所示。

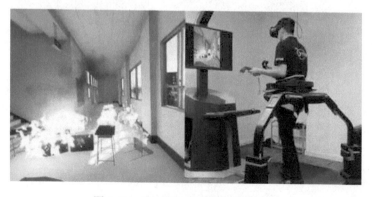

图 1-22　VR 模拟安防演习系统方案

（6）VR 在军事训练方面的应用

VR 技术近年来在各个领域的发展如火如荼，在军事领域也发挥着至关重要的作用。军方更是看中 VR 全景技术的巨大潜力，巨额的投资可以看出军方对 VR 技术的重视程度。VR 技术在军事上的应用大大降低了成本，有效减少人员、物资的损耗，突破了危险及真实环境的限制。利用 VR 技术进行军事训练如图 1-23 所示。

图 1-23　利用 VR 技术进行军事训练

（7）VR 在餐饮行业的应用

虚拟现实技术的诞生对于营销体验来说是一次划时代的升级。运用 VR 技术在销售端的餐饮行业中，餐厅可以通过 VR 技术提前将位置发送给客户，让客户用一键导航功能快速找到餐厅位置，也能让对方提前感受餐厅的特色菜品和商家环境，提高客户及朋友的信任感，还可以植入菜谱让客户挑选喜欢吃的食物，提供在线订餐功能。VR 技术在餐饮行业的应用使客户的服务体验全新升级。VR 在餐饮行业的应用如图 1-24 所示。

图 1-24　VR 在餐饮行业的应用

/ 小　　结 /

　　本章主要介绍了虚拟现实技术概况、虚拟现实技术分类、虚拟现实动态交互感知设备、虚拟现实技术发展等。对虚拟现实系统进行了详细的分类，包括沉浸式虚拟现实技术模式、分布式虚拟现实技术模式、桌面式虚拟现实技术模式以及纯软件虚拟现实技术模式。针对沉浸式虚拟现实系统阐述了虚拟现实动态交互感知设备，如三维立体眼镜、三维立体鼠标、数据手套、数据头盔、数据衣以及力反馈器等各种动态交互传感器设备等。对虚拟现实进行全产业分析，虚拟现实产业链包括硬件、软件、应用和服务；硬件包含零部件和硬件；软件包含信息处理和平台；应用包含开发与制作；服务包含分发及运营。

第2章 增强现实技术

 学习目标

- 了解增强现实技术
- 掌握增强现实技术的原理
- 理解增强现实硬件设备
- 掌握 VR/AR 全景硬件设备

扫码看视频

2.1 增强现实技术简介

增强现实（Augmented Reality，AR）是近年来国内外众多研究机构和知名大学研究的热点之一。增强现实技术在与虚拟现实技术相类似的应用领域，如尖端武器和飞行器的研制与开发、数据模型的可视化、虚拟训练、娱乐与艺术等领域具有广泛的应用。由于其具有能够对真实环境进行增强显示输出的特性，在精密仪器制造和维修、军用飞机导航、工程设计、医疗研究与解剖以及远程机器人控制等领域，具有比虚拟现实技术更加明显的优势，是虚拟现实技术的一个重要的前沿分支。

增强现实也被称为混合现实，它利用计算机技术将虚拟的信息应用到真实世界，将真实的环境和虚拟的物体实时地叠加到了同一个画面或空间。在一般情况下增强现实提供了不同于人类可以感知的信息，它不仅展现了真实世界的信息，而且将虚拟的信息同时显示出来，两种信息相互补充、叠加。在视觉化的增强现实中，用户利用头盔显示器，把真实世界与计算机图形多重合成在一起，便可以看到真实的世界围绕着虚拟世界。

增强现实技术是利用虚拟物体对真实场景进行"增强"显示的技术，与虚拟现实相比，具有更强的真实感受、建模工作量小等优点。可广泛应用于航空航天、军事模拟、教育科研、工程设计、考古、海洋、地质勘探、旅游、现代展示、医疗以及娱乐游戏等领域。

增强现实技术利用计算机生成一种逼真的视觉、听觉、味觉、触觉和交互等感觉的虚拟环境，并将虚拟信息影射到真实世界，真实的环境和虚拟的物体实时地叠加到了同一个3D画面或空间。该技术通过各种传感设备使用户"沉浸"到虚拟环境中，实现用户和环境的自然交互，是一种全新的人机交互技术。

在视觉化的增强现实中，用户利用头盔显示器，把真实世界与虚拟环境有机结合，构建一个虚拟和现实世界完美融合的 3D 场景，并进行身临其境的交互体验。增强现实系统"高速列车缓缓开进会场"的场景如图 2-1 所示。

图 2-1　增强现实系统"高速列车缓缓开进会场"的场景

2.2　增强现实技术原理

增强现实技术是一种将真实世界的信息和虚拟世界的信息"无缝"集成的新技术，是把原本在现实世界的一定时间空间范围内很难体验到的实体信息，即视觉、声音、味道、触觉信息等，通过计算机、增强现实硬件和软件技术，模拟仿真后再叠加显示输出，将虚拟的信息应用到真实世界，被人类感官所感知，从而达到超越现实的感官体验。真实的环境和虚拟的物体实时地叠加到了同一个画面或空间。

增强现实技术包含了多媒体、三维建模、实时视频显示及控制、多传感器融合、实时跟踪及注册、场景融合等新技术与新手段。

2.2.1　基本特征

增强现实系统具有 3 个突出的特点：

1）真实世界和虚拟世界的信息集成，即虚实结合。①增强现实是把虚拟环境与用户所处的实际环境融合在一起，在虚拟环境中融入真实场景部分，通过对现实环境的增强来强化用户的感受与体验。

扫码看视频

2）实时交互性。②增强现实系统提供给用户一个能够实时交互的增强环境，即虚实结合的环境，该环境能根据参与者的语音和关键部位的位置、状态、操作等相关数据，为参与者的各种行为提供自然、实时的反馈。实时性非常重要，如果交互时存在较大的延迟，则会严重影响参与者的行为与感知能力。

3）在三维尺度空间中增添定位的虚拟物体，即三维注册。③三维注册是增强现实系统中最为关键的技术之一，其原理是将计算机生成的虚拟场景造型和真实环境中的物体进行匹配。在增强现实系统中绝大多数是利用动态的三维注册技术，动态三维注册技术分两大类，即基于跟踪器的三维注册技术和基于视觉的三维注册技术。

基于计算机显示器的增强现实系统实现方案如图 2-2 所示。

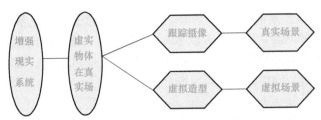

图 2-2　基于计算机显示器的增强现实系统实现方案

　　虚拟现实与增强现实技术有着密不可分的联系，增强现实技术致力于将计算机产生的虚拟环境与真实环境融为一体，使浏览者对增强现实环境有更加真实、贴切、鲜活的交互感受。在增强现实环境中，计算机生成的虚拟造型和场景要与周围真实环境中的物体相匹配，使增强虚拟现实效果更加具有临场感、交互感、真实感和想象力。

2.2.2　技术构成

　　增强现实技术的构成包括基于计算机显示器的 AR 实现方案、穿透式头盔显示器（HMD）的 AR 实现方案以及增强现实软件建模技术。

扫码看视频

1. 基于计算机显示器的 AR 实现方案

　　在基于计算机显示器的 AR 实现方案中，摄像机摄取的真实世界图像输入到计算机中，与计算机图形系统产生的虚拟景象合成，并输出到屏幕显示器，用户从屏幕上看到最终的增强场景图片。它虽然简单，但不能带给用户多少沉浸感。

扫码看视频

　　具体实现包括摄像头、显示设备、三维产品模型、现实造型和场景以及相关设备和软件等，三维产品模型以及相关设备和软件如图 2-3 所示。它的工作原理是利用摄像机拍摄现实场景，通过计算机视觉技术捕获识别标记，实时记录该标记的位置和方向，最后将数据平台中存储的虚拟 3D 对象与真实场景叠加。

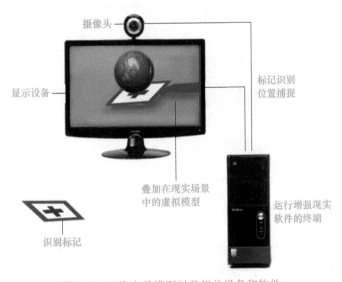

图 2-3　三维产品模型以及相关设备和软件

在平面印刷品上叠加展品的三维虚拟模型或动画,通过显示设备呈现,以独特的观赏体验吸引用户深入了解产品。浏览者可以 360°自助观赏三维立体场景,在三维立体场景中对文字、视频、三维模型进行叠加,支持互动游戏,支持网页发布,适用于展览会、产品展示厅、公共广告、出版、网络营销等应用场合。

2. 基于穿透式头盔显示器的 AR 实现方案

扫码看视频

头盔式显示器被广泛应用于虚拟现实系统中,用以增强用户的视觉沉浸感。增强现实技术的研究者们也采用了类似的显示技术,即在 AR 中广泛应用的穿透式头盔式显示器。根据具体实现原理又划分为两大类,分别是基于光学原理的穿透式 HMD(Optical See-through HMD)和基于视频合成技术的穿透式 HMD(Video See-through HMD)。

以微软 HoloLens 全息头盔/眼镜为代表,其功能定位是通过 AR/MR 技术使得用户拥有良好的交互体验。微软 HoloLens 这款头戴显示器不同于顶级虚拟现实设备 Oculus Rift 和 HTC Vive,本身就是一台独立运行的全息设备甚至是 Windows 10 PC,主要作为生产力工具面向企业级应用。随着技术的成熟,有望向平价的消费级市场进一步扩展。

头盔式显示器增强现实系统的构成包括 AR 显示设备、虚实结合、实时互动以及三维注册等,虚实结合是把虚拟场景与真实场景有机结合,实时互动是将跟踪摄像机定位的实景与虚拟渲染模型进行匹配,三维注册是把虚拟物体融入真实场景中,最后通过 AR 头盔式显示器显示给用户观看。

基于微软穿透式 HoloLens 头盔式显示器本身就是一部微型计算机,主要功能包含智能眼镜系统、动作采集摄像头以及数据处理单元。智能眼镜系统类似于谷歌眼镜,将信息投射到用户视网膜上,实现虚拟环境与实景的混合。动作采集摄像头用于捕捉体感动作,实现与虚拟物体的互动及其他操作。数据处理单元主要负责处理来自各种传感器、网络单元的信息以及图像绘制。由于内置数据处理单元本身就是一台微型计算机,因此 HoloLens 头盔式显示器不需要连接智能手机或其他设备使用。穿透式头盔显示器如图 2-4 所示。

图 2-4 穿透式头盔显示器

3. 增强现实软件建模技术

增强现实软件建模技术从可视化输出的角度来看,是一种图像与几何模型相结合的建模方法。全景图生成技术是基于图像建模方法的关键技术,其原理是使用空间中的一个视点产生对周围环境的 360°全封闭视图。全景图生成方法涉及图像无缝连接技术和纹理映射技术。

基于图像的三维重建和虚拟浏览是基于图像建模的关键技术。基于几何模型的建模方法是以几何实体建立虚拟环境,其关键技术包括三维实体建模技术、干涉校验技术、碰撞检测技术以及关联运动技术等。在计算机中通过 X3D 或 VRML 可以高效地完成几何建模、虚拟环境的构建以及用户和虚拟环境之间的复杂交互,并满足虚拟现实系统的本地和网络传输。

2.3 增强现实硬件设备

增强现实硬件交互设备是一个典型的增强现实智能交互设备系统,由虚拟环境、以高性能计算机为核心的虚拟环境处理器,以头盔显示器为核心的视觉系统、摄像头、传感器系统、虚实定位系统,以语音识别、声音合成与声音定位为核心的听觉系统,以立体鼠标、跟踪器、数据手套和数据衣为主体的身体方位姿态跟踪设备,以及味觉、嗅觉、触觉以及力量反馈系统等功能单元构成。

增强现实智能交互设备主要用于将各种控制信息传输到计算机,增强现实计算机系统再把处理后的信息反馈给参与者,实现人与增强现实计算机系统之间的真实动态交互和感知效果。增强现实硬件设备可以实现虚拟现实场景中人机的动态交互,使人充分体验增强现实中的沉浸感,实现自由体验、体感互动、虚拟与真实融合。

增强现实智能交互设备主要包括:AR/3D 眼镜、AR/3D 头盔显示器(HMD)、数据手套(Data Glove)、数据衣(Data Suit)、跟踪设备(Tracking Equipment)、控制球(Sphere Controller)、三维立体声耳机(Three Dimensional Earphone)以及三维立体扫描仪等。增强现实智能交互硬件系统集成高性能的计算机软件、硬件、跟踪器及先进的传感器和捕捉器等设备,因此增强现实智能交互硬件系统设备复杂而且价格昂贵。

2.3.1 谷歌眼镜

扫码看视频

谷歌眼镜(Google Glass)是由谷歌公司于 2012 年 4 月发布的一款增强现实型穿戴式智能眼镜,集智能手机、GPS、相机于一身,在用户眼前展现实时信息。用户只要眨眨眼就能拍照上传、收发短信、查询天气路况等操作,无需动手便可上网、处理文字信息和电子邮件,同时,戴上这款"增强现实"眼镜,用户可以用自己的声音控制拍照、视频通话和辨明方向。兼容性上,谷歌眼镜可同任一款支持蓝牙的智能手机同步。

谷歌眼镜就像是可佩戴式智能手机,让用户可以通过语音指令拍摄照片、发送信息以及实施其他功能。如果用户对着谷歌眼镜的麦克风说"OK,Glass",那么一个菜单即在用户右眼上方的屏幕上出现,显示出拍照片、录像、使用谷歌地图或打电话等多个图标。AR谷歌眼镜如图 2-5 所示。

图 2-5 AR 谷歌眼镜

2.3.2　微软增强现实眼镜

微软正式发布了一款全新增强现实眼镜 HoloLens 以及 Windows Holographic 全息技术。微软研发的全息影像眼镜 HoloLens 设备，伴随 Windows 10 操作系统推出。作为融合了 CPU、GPU 和全息处理器的特殊 AR/MR 眼镜，HoloLens 通过图片影像和声音，让用户在家中就能进入全息世界，以周边环境为载体进行全息体验，实时处理、获取虚拟信息。例如，在墙上查看消息、查找联系人，在地上玩游戏、在客厅墙上直接进行 Skype 视频通话、观看球赛等。

AR 头戴式显示器 HoloLens 看起来像一副眼镜却内置了 CPU、GPU、空间立体声技术以及全息处理单元，基本上能达到一台 PC 的配置。基于这些传感器，它能将数字内容投射成全息图像，而且可以和现实世界互动，用户可以在眼镜中直接观察到需要观察的全息投影信息。微软增强现实眼镜如图 2-6 所示。

图 2-6　微软增强现实眼镜

当人们戴上微软全息影像眼镜 HoloLens 后就会自然而然地进入一个虚拟和现实相结合的世界里。这是一款能够独立运行的设备，并将是一款通用型产品。这也是一个最新的计算机平台，开发者可以在上面开发自己的应用。

全息显示技术是一种考虑了人眼对物体的深度感知在生理上的心理暗示因素，在立体三维图像上无限接近于物体自身的显示技术。全息显示的基本原理是利用光波干涉法同时记录物体光波的振幅和相位。人们观看全息影像时会得到与观看原物时完全相同的视觉效果，包括位置、时差等方面。全息显示成像的方式包括透射式、反射式、像面式、彩虹式、合成式、模压式等。

微软的 Windows 10 操作系统是全球第一个可支持全息 AR 影像运算的平台，且提供可用于独立设备上理解环境与手势的各种 API，所有 Windows 10 操作系统上的程序皆能以全息影像的形式运行，这为 Windows 10 操作系统带来各种创新、探索和新的科技革命。

AR 全息影像能够储存立体的影像，同时记录光波的振幅与相位，加以重建后将能展现与原物一样的立体影像，以 2D 或 3D 的形式呈现。因此一个全息影像就像是实体世界的物体，最大的不同在于后者是由实体材质所构成，AR 全息影像则是由光组成，不会有实质的触感。微软 AR 全息影像眼镜 HoloLens 是第一个基于 Windows 10 操作系统的全息影像运算设备，它能够独立运行，不需要线缆，也不用连接手机或 PC，可在实体环境中展示全息影像，建立看待世界的全新方式。它配备了高分辨率、可透视镜片，并有立体音效，能够看见用户周边的全息影像，还有各种传感器与全息影像处理器（Holographic Processing Unit，HPU），可实时处理大量数据以理解周边世界。

2.3.3 增强现实滑雪护目镜

增强现实滑雪护目镜,即"AR RideOn 滑雪护目镜"是由一支以色列创业团队专门为高山滑雪爱好者设计,号称是世界上首款真正的增强现实滑雪护目镜。当通过蓝牙连接手机 App 后,RideOn 可以帮查看短信、天气、位置和滑行速度,并且只需要眼神就可以控制。目前可以兼容 iOS 和 Android 系统,并且透视显示清晰度是谷歌眼镜的 3 倍。RideOn 滑雪护目镜具备防水防雾功能,镜片也可以替换。续航方面,RideOn 滑雪护目镜内置了电池容量为 2200mAh 的锂电池,续航长达 8 小时,待机24 小时。增强现实滑雪护目镜如图 2-7 所示。

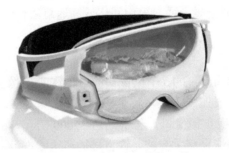

图 2-7 增强现实滑雪护目镜

AR RideOn 滑雪护目镜拥有真正的增强现实体验,采用高透明度和超亮图形的 Clear-Vu显示技术,在用户的视野中心形成虚拟界面,浮动界面只需一个眼神就能控制 AR 画面。RideOn 滑雪镜最大的亮点就在于它全新的浮动交互界面,类似于微软的 Hololens,根据用户视线的移动在视野中央生成一个虚拟界面,但它不需要任何手势或者摇头,也不用借助任何设备、手机 App 或语音控制,仅靠一个眼神就能控制用户界面中的 AR 功能菜单。例如,眨一下眼就可以给朋友发信息或者语音通话,甚至还可以向朋友扔一个虚拟雪球来玩耍,天寒地冻时不用摘下手套进行操作,而只需一个眼神就够了。增强现实滑雪护目镜体验如图 2-8 所示。

图 2-8 增强现实滑雪护目镜体验

2.4 全景摄像机

全景摄像机可以独立实现大范围无死角的 360°摄像,可以无盲点地拍摄整个场景,设

有一个鱼眼镜头或者一个反射镜面，如抛物线、双曲线镜面等，或者由多个朝向不同方向的普通镜头拼接而成，拥有360°全景视场（Field of View，FOV）。一台全景摄像机可以取代多台普通摄像机，做到了无缝拼接，实现视频全景录制，主要应用于虚拟现实和增强现实领域，也可以应用于其他领域，如视频监控、交通安全、银行、社会安全、公共场所、文化娱乐场所等。

全景多相机视觉系统（Omnidirectional Multi-camera System，OMS）是全景摄像机的一种，其内部封装了多个不同朝向的传感器，通过对分画面进行图像拼接操作得到全景效果。主流产品的结构是把若干个200万像素的传感器以及视场角独立短焦镜头封装在统一的外壳中。其中数字处理与压缩等核心技术被集成在前端固件上，将若干单独的画面按用户需求集成为180°或者360°的高清全景画面，再由网络或高速总线传输到后端管理平台。

2.4.1 虚拟现实摄像机 GoPro

虚拟现实摄像机 GoPro 是具有16个摄像头的虚拟现实摄像机，这款产品已经在谷歌 I/O 大会上发布，正式名称是"奥德赛"。GoPro 开始出售内建16个摄像头的虚拟现实摄像机，售价高达15000美元，只有专业的创作者和制作人在提出申请之后才会被允许直接购买这款产品。

扫码看视频

获得 GoPro 奥德赛虚拟现实摄像机，意味着客户将得到16部 GoPro 顶级 Hero 4 相机，1部麦克风，以及所有必需的电缆和数据线、1个手提箱以及保修和支持。虚拟现实摄像机 GoPro "奥德赛"的16个摄像头如图2-9所示。

图2-9　虚拟现实摄像机 GoPro "奥德赛"的16个摄像头

GoPro 奥德赛专门针对谷歌的 Jump 平台进行优化。谷歌在 Jump 平台建立了第一个完整的虚拟现实生态系统，可以更容易地创建和观看 VR 内容。借助 Jump 平台，谷歌创建了开放性计划，让厂商可以打造它们自己的16个摄像头产品以及组装软件，可以以更高的画质重建现场。谷歌旗下的 Youtube 也开放了虚拟现实视频的上传和播放服务，实现360°视频的展示和播放。

2.4.2 三星 360° 3D 全景虚拟现实相机

三星电子发布了一款新的相机产品360° 3D 全景虚拟现实相机 Project Beyond，该相机所搭载的360° 摄像头能够捕获 3D 图像，并能够将图像整合成视频流传送至三星最新虚拟眼罩产品 Gear VR 上。

扫码看视频

这个被称为"Project Beyond（超越计划）"的数码相机产品，通过在球形设备边缘分布安装的 16 个高清摄像头来拍摄全景 3D 照片，并能够将捕获的图片拼接到一起，提供实时的现场直播视频。通过三星推出的虚拟现实眼罩 Gear VR 可以观看到连续画面。三星旗舰智能平板手机 Galaxy Note 4 为虚拟现实眼罩 Gear VR 提供支持。他们也正在与 Facebook 旗下的虚拟现实设备厂商 Oculus VR 展开合作，推出自己的虚拟现实产品，以展示并强调公司的创新。三星目前尚未透露这一全景 3D 虚拟现实相机的具体上市时间。三星 360° 3D 全景虚拟现实相机如图 2-10 所示。

图 2-10　三星 360° 3D 全景虚拟现实相机

2.4.3　诺基亚 360° 3D 全景相机

诺基亚推出 360° 3D 全景相机 OZO，强势进入虚拟现实领域。该产品由 Nokia Technologies 高新技术部门专门为专业内容创造者设计，将会在芬兰投入生产。这款虚拟现实相机定义了一个捕获和播放虚拟现实的全新概念和解决方案。

扫码看视频

诺基亚公司在芬兰西南部的湖港城市坦佩雷工厂进行 OZO 生产。从外观来看 OZO 区别于市面上许多扁平的虚拟现实摄影产品，该设备重量大约 6 磅（约 2.72kg），搭载了 8 枚光学传感器，分布在球型机身的四周。同时，OZO 还配备了 8 颗嵌入式麦克风，隐藏在每枚镜头附近，通过这种方式该设备可以记录全息影音。诺基亚 OZO 录制的视频可以通过 VR 硬件（如头戴式屏幕）来呈现，也可以通过第三方专业的数字内容工作流来简化内容发布。诺基亚 360° 3D 全景相机如图 2-11 所示。

图 2-11　诺基亚 360° 3D 全景相机

全景视频应用改变了传统视频的浏览方式，影视巨头将重新布局该行业，必将引领一场视频产业革命。全景视频也被应用在人们生活的各个领域，如影视、演出、虚拟旅游以及行业应用。全景虚拟旅游让用户安坐家中就可以游览全球美景，在制订旅游计划之前，通过全景视频预先感受目的地的景色，旅程结束后通过全景视频重温这段旅程的美好记忆。3D 故宫全景旅游如图 2-12 所示。

图 2-12　3D 故宫全景旅游

小　结

本章主要介绍了增强现实技术，包括增强现实技术简介、增强现实技术原理、增强现实硬件设备、VR/AR 全景摄像机。

增强现实（AR）也被称为混合现实，它利用计算机技术将虚拟的信息应用到真实世界，真实的环境和虚拟的物体实时地叠加到了同一个画面或空间。

基于计算机显示器的 AR 增强现实系统实现方案主要涵盖增强现实硬件、软件、跟踪设备等，具体实现包括摄像头、显示设备、三维产品模型、现实造型和场景以及相关设备和软件等。

习　题

一、选择题

1．单选题

1）增强现实的英文简称是（　　）。

A．VR　　　　　　　B．AR　　　　　　　C．IR　　　　　　　D．PR

2）增强现实技术（　　）。

A．是使视觉效果更为清晰的表现技术

B．不需交互即可实施

C．利用虚拟物体对真实场景进行"增强"显示

D．可以脱离现实场景而存在

3）增强现实实现了虚实结合，是指（　　）。

A．把虚拟环境与用户所处的实际环境融合在一起

B．把虚拟的物体变成真实的物体

C．把真实的物体转化成虚拟的模型

D．把现实场景录制为虚拟影像

4）增强现实的实时交互是指（　　）。

A．受时间长度的限制

B．能对参与者进行报时服务

C．将虚拟环境与实际环境融合

D．能为参与者的各种行为提供自然、实时的反馈

5）以下哪一项不属于增强现实交互设备（　　）。

A．AR/3D 头盔显示器　　　　　　B．数据手套

C．三维立体扫描仪　　　　　　　　D．智能手表

6）增强现实智能交互设备，主要用于（　　）。

A．实现人与增强现实计算机系统之间的真实动态交互和感知

B．增强视觉特效

C．提高人体着装的舒适性

D．使机器能够胜任一些人类智能才能完成的复杂工作

2．多选题

1）与虚拟现实相比，增强现实具有（　　）的优点。

A．更强的真实感受　　　　　　　　B．建模工作量小

C．建模工作量大　　　　　　　　　D．无需进行交互

2）增强现实技术可以应用到（　　）领域。

A．旅游　　　　　B．考古　　　　　C．教育　　　　　D．航空航天

3）关于增强现实技术，以下哪些说法是正确的（　　）。

A．增强现实技术与虚拟现实技术的应用领域不同

B．增强现实技术是采用对真实场景利用虚拟物体进行"增强"显示的技术

C．增强现实技术将真实环境和虚拟物体实时叠加到了同一个画面或空间

D．增强现实技术是虚拟现实技术的一个重要的前沿分支

4）增强现实广泛运用了（　　）等技术手段。

A．多媒体　　　　　　　　　　　　B．三维建模

C．实时跟踪及注册　　　　　　　　D．智能交互

5）增强现实技术的主要特点有（　　）。

A．真实世界和虚拟世界的信息集成

B．具有美观性和实用性

C．具有实时交互性

D．是在三维尺度空间中增添定位虚拟物体

6）增强现实技术的构成包括（　　　　）和（　　　　）两种实现方案。

A．基于计算机显示器的 AR 实现方案　　B．基于影院的 AR 实现方案

C．穿透式头盔式显示器（HMD）　　D．VR 穿戴式手表

7）以下属于谷歌眼镜能实现的功能有（　　　　）。

A．上网冲浪　　　B．处理文字信息　　C．智能导航　　　D．拍照录像

8）以下属于增强现实硬件设备的有（　　　　）。

A．谷歌眼镜　　　　　　　　　　B．三星 360°3D 全景相机

C．微软增强现实眼镜　　　　　　D．RideOn 滑雪护目镜

二、判断题

1）增强现实技术不需要依托于技术设备而实现。（　　　）

2）增强现实技术利用计算机生成一种逼真的视觉、听觉、味觉、触觉和交互等感觉的虚拟环境。（　　　）

3）增强现实技术具有交互性。（　　　）

4）增强现实是在三维尺度空间中增添定位虚拟物体。（　　　）

5）基于计算机显示器的 AR 增强现实系统主要功能包含：智能眼镜系统、动作采集摄像头以及数据处理单元。（　　　）

6）增强现实硬件设备可以实现虚拟现实场景中人机的动态交互感觉。

（　　　）

7）全景摄像机设备可以独立实现大范围 180°摄像。（　　　）

三、填空题

1）增强现实技术利用计算机技术将 _____ 的信息应用到 _____ 世界。

2）谷歌眼镜（Google Glass）是一款 _____ 现实型穿戴式智能眼镜。

第3章　智能可穿戴技术

学习目标

- ○ 了解智能可穿戴技术
- ○ 掌握智能可穿戴技术的发展情况
- ○ 理解智能可穿戴设备分类
- ○ 掌握智能可穿戴设备交互技术

3.1　智能可穿戴技术简介

虚拟现实可穿戴系统即可穿戴式交互设备，是应用可穿戴技术对日常穿戴进行智能化设计、开发出可以穿戴的设备的总称，如眼镜、手套、手表、服饰、鞋等。可穿戴式智能设备包括功能齐全、尺寸大小适中，可不依赖智能手机实现完整或者部分功能，如智能手表或智能眼镜等，以及只专注于某一类应用功能，需要和其他设备（如智能手机）配合使用，如各类进行体征监测的智能手环、智能首饰等。随着技术的进步以及用户需求的变迁，可穿戴式智能设备的形态与应用热点也在不断地变化。

1. 智能可穿戴设备定义及特征

智能可穿戴设备是直接穿在身上或是整合到用户的衣服或配件的一种便携式设备。智能可穿戴设备不仅是一种硬件设备，还通过软件支持、数据交互、云端交互来实现强大的功能，将会对人们的生活、感知带来很大的转变。

智能可穿戴设备应具备以下基本特征：

1）可在运动状态下使用。

2）使用的同时可做其他事情。

3）使用者可进行控制。

4）具有可持续性。

扫码看视频

5）多样性，即不同应用的可穿戴式计算机在构成、功能等方面应有所不同。

从以上特征可看出，与传统的计算机相比，可穿戴式计算机与人的结合更为紧密。可穿戴智能交互设备如图 3-1 所示。

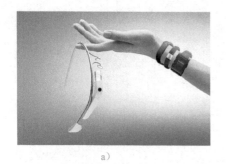
a)

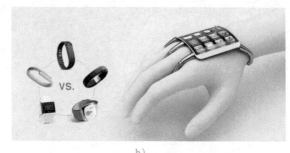
b)

图 3-1 可穿戴智能交互设备

2. 广义智能可穿戴式设备

广义智能可穿戴式设备包括功能全、尺寸大、可不依赖智能手机实现完整或者部分的功能，如：智能手表、智能眼镜以及智能手环等，以及只专注于某一类应用功能，需要和其他设备如智能手机配合使用，如各类进行体征监测的智能手表、智能手环、智能首饰等。随着技术的进步以及用户需求的变迁，可穿戴式智能设备的形态与应用热点也在不断变化。

可穿戴技术在国际计算机学术界和工业界一直都备受关注，但由于造价成本高和技术复杂，很多相关设备仅停留在概念领域。随着移动互联网的发展、技术进步和高性能低功耗处理芯片的推出等，部分穿戴式设备已经从概念化走向商用化，新穿戴式设备不断传出，谷歌、苹果、微软、索尼、奥林巴斯、摩托罗拉等诸多科技公司也都开始在这个全新的领域深入探索、研究和开发新一代可穿戴智能设备。

可穿戴智能设备的本意是探索人和科技全新的交互方式，为每个人提供专属的、个性化的服务。设备的计算方式要以本地化计算为主，只有这样才能准确定位和感知每个用户的个性化、非结构化数据，形成每个人独一无二的专属数据计算结果，并以此找准直达用户内心的真正有意义的需求，最终通过与中心计算的触动规则来展开各种具体的针对性服务。可穿戴智能设备已经从幻想走进现实，它们的出现将改变人们的生活方式。

3.2 智能可穿戴技术发展

智能可穿戴技术拥有多年的发展历史，在 20 世纪 60 年代智能可穿戴技术的思想和雏形已出现，具备可穿戴式智能设备形态的设备在 20 世纪七八十年代出现，史蒂夫·曼基于 Apple-II 6502 型计算机研制的可穿戴计算机原型即是其中的代表。随着计算机标准化软硬件以及"互联网 +"技术的高速发展，可穿戴智能设备的形态开始变得多样化，逐渐在工业、医疗、军事、教育、娱乐等诸多领域表现出重要的研究价值和应用潜力。

扫码看视频

扫码看视频

3.2.1 可穿戴技术的发展历程

可穿戴技术在过去受到生产力和技术的限制，可穿戴产品主要表现为对 PC 的穿戴化改造。互联网时代，消费者的注意力还停留在台式计算机和笔记本式计算机的产品之上，但这个时候已经有厂商、研究机构甚至是个人在穿戴式产品方面进行了尝试，试图对 PC 进行穿戴形态的改造,这也可以被看作是"可穿戴式计算机"的起源。

早期可穿戴设备的研发主要以实现基础功能为主,具体到形态上则千奇百怪、五花八门,这主要受生产力和技术发展水平的限制,相比工业设计、审美标准以及引申出来的功能,开发者的目光更多集中在产品实现方面。早期可穿戴设备——手腕式计算机和现在的可穿戴设备相比有体积大、操作不灵活、设计不美观等缺点。

2006 年 3 月份,Eurotech 公司曾推出过一款型号为 Zypad WL 1000 的手腕式电阻式触屏计算机,在业界引起了一阵轰动。消费者可以根据需要选择预装 Linux 或 Windows CE 操作系统的版本,配备 3.5in240px×320px 分辨率的显示屏、内置 GPS 模块,支持 802.11b/g 无线网络,除了支持触控外,用户还可以利用机身按键进行操作。Zypad WL 1000 手腕式计算机主要用于搜救部门、卫生医疗、安全、维修、交通、军事等领域,对大众电子消费者并不友好,这也成为这款设备短命的重要原因之一。早期可穿戴设备 Zypad WL 1000 手腕式计算机,如图 3-2 所示。

2012 年,设计师 Bryan Cera 设计了一款名为 Glove One 的手套形态电话,可直接安装 SIM 卡使用,一度被很多人定义为可穿戴计算设备形态的一种,但如果严格按照前面所给出的定义,由于它不具备丰富的应用和功能特征,且不具备数据收集、整合和分析的能力。Glove One 仅是对手机进行穿戴式改造,除了基础的通话功能之外,并没有其他方面的应用和功能特征,其人机交互方式甚至采用的是传统的按键,因而并不完全属于严格意义上的可穿戴设备,这也就是前面提到的"形似"的一个特例。早期可穿戴 Glove One 的手套电话如图 3-3 所示。

图 3-2 早期可穿戴设备 Zypad WL 1000 手腕式计算机　　图 3-3 早期可穿戴 Glove One 的手套电话

在 PC 互联网逐步向移动互联网过渡的过程中,平台性产品的出现给可穿戴设备提供了更大的发展空间,尤其是移动操作平台的日趋成熟和开发群体的庞大,为可穿戴设备的开发奠定了坚实的基础。

在传统的人机交互时代,以键盘、鼠标以及手柄为媒介的交互方式是很常见的,而在移动互联网时代,触控成为备受好评的一种新交互方式。Oculus Rift 虚拟现实头盔的出现为可穿戴设备吹起了冲锋号,Oculus 开发了一款名为 Rift 的沉浸式人机交互设备,通过可穿戴设备将用户置身于游戏场景当中,提供给用户更为逼真的游戏体验和更为直观的人机交互方式。Oculus Rift 一经问世就引来了人们极大的关注和阵阵好评,2013 年 E3 游戏展上,Oculus Rift 力压微软 Xbox One 和索尼 PS4 等劲敌,荣获"最佳硬件奖"头衔。在资本市场,Oculus Rift 在众筹平台 Kickstarter 上筹资达 250 万美元,首轮融资也达到 1600 万美元。种种迹象都表明了外界对这种家庭娱乐方面的可穿戴设备形态人机交互方式的认同和期待。

Oculus Rift 可穿戴虚拟现实头盔如图 3-4 所示。

苹果公司的智能手表在可穿戴设备领域获利丰厚，仅是 AppleWatch 这款产品给苹果公司带来的利润就高达 55 亿美金，这样的高利润趋势在未来几年还可能继续保持。Apple 公司将成为全球最大的手表制造企业，AppleWatch 产品的受欢迎程度已经超过了瑞士手表。苹果公司的可穿戴智能手表如图 3-5 所示。

图 3-4　Oculus Rift 可穿戴虚拟现实头盔　　　　　　图 3-5　苹果公司的可穿戴智能手表

3.2.2　在健康保健领域的发展

尽管目前运动领域是可穿戴设备的主要关注点，但是在未来的几年里，这个关注点将逐渐转移到健康保健领域。先进的传感技术、硬件体积缩小、人工智能算法等技术的发展将会让可穿戴设备成为对抗人类慢性疾病的一道有力防线，如糖尿病、心脏病、癌症这样的疾病，都将成为可穿戴设备对抗的目标。随着技术的发展，智能手表将会提前预知使用者有可能存在中风、心脏病这类疾病发作的风险。如果可穿戴设备真的能够做到这一点，那么全世界对它的重视程度将大大超越现在。健康保健领域的智能可穿戴手表、手环等如图 3-6 所示。

智能衣物的出现标志着可穿戴智能设备蕴藏巨大的商机，如 UnderArmour 等公司已经发布了运动相关的周边产品，如智能运动鞋、智能运动衫等，这些产品能够跟踪用户步数、行走距离等。这类设备目前的年发货量还低于 100 万，但是未来这个情况将会发生巨变，智能衣物每年的出货量将不断增加，其中大部分的市场份额将被智能运动鞋类的产品占据。可穿戴智能健身衣如图 3-7 所示。

图 3-6　健康保健领域的智能可穿戴手表、手环等　　　图 3-7　可穿戴智能健身衣

Fitbit 公司是目前健身跟踪类穿戴设备的领导者，在健身跟踪类可穿戴设备领域，Fitbit 公司占据了全球 43% 的市场份额，中国的小米占据了 24% 的市场份额。健身跟踪类可穿戴

设备每年的市场份额将以 25% 的速度上升，到 2021 年，健身类穿戴设备的全球出货量将达到 1.87 亿台。

目前的可穿戴设备都希望在尽可能小的空间内加入尽可能多的传感器，这个趋势将会改变，在未来可穿戴设备产品的针对性和目标性会更强。手机将成为一个大的中控平台，作为所有可穿戴技术设备的数据处理大本营，人们将会看到更多针对身体不同部位进行研发的可穿戴产品。智能手表大厂商，如 Apple、Google、Samsung 等将成为大平台的创建者。为了实现对人体各个部位更有针对性的检测和服务，把传感设备植入衣物、鞋子、手表等服装配件中将成为一个常态。

3.3 智能可穿戴设备分类

可穿戴技术始于 20 世纪 60 年代，是美国麻省理工学院媒体实验室提出的创新技术，利用该技术可以把多媒体、传感器和无线通信等技术嵌入人们的衣物中，可支持手势和眼动操作等多种交互方式。通过内在连通性实现快速的数据获取，通过超快的分享内容能力高效地保持社交联系，摆脱传统的手持设备而获得无缝的网络访问体验。

图 3-8 智能可穿戴交互设备分类

现有的科学技术创造出的独立智能可穿戴交互设备分为 3 类，包括智能可穿戴内置设备、智能可穿戴外置设备和智能可穿戴外置机械设备，如图 3-8 所示。

3.3.1 智能可穿戴内置设备

智能可穿戴内置设备包括隐形眼镜、内置芯片等。

2012 年由比利时科学家研制出一种智能隐形眼镜（Smart Contact Lenses），在这种隐形眼镜上，使用者可以清楚地看到手机上的内容。比利时根特大学微系统技术中心开发的这种隐形眼镜带有球形的 LCD 屏幕，使用者可以全天佩戴。

谷歌已经获得了智能可穿戴隐形眼镜的专利权，它是一款用于监控体内葡萄糖水平的隐形眼镜，内置一款无线芯片和微型的葡萄糖感应器，搭载在两层隐形眼镜之间，可测量眼泪中的葡萄糖水平，并将所收集的数据发送到智能手机等移动设备中进行读取和分析。当葡萄糖超出安全水平时，隐形眼镜能够点亮一个小型的 LED 来警示用户。智能可穿戴内置设备如图 3-9 所示。

图 3-9 智能可穿戴内置设备

3.3.2　智能可穿戴外置设备

智能可穿戴外置设备是人们最为熟悉的，如谷歌眼镜、镜片式投影、虚拟空间操作等，在科研、教育、医疗等领域带来很多意想不到的效果。微软研发出创新性的 AR/MR 头盔 HoloLens 就是将一台全息计算机装入到头盔中，可以在客厅、办公室等地方看见、听见全息图，并与之互动。微软开发的头盔不需要用无线方式连接到 PC，此外，还用高清镜头、空间声音技术来创造沉浸式的互动全息体验。智能可穿戴外置设备如图 3-10 所示。

a)　　　　　　　　　　　　　　　　　　　　　b)

图 3-10　智能可穿戴外置设备

a）谷歌眼镜　b）微软研发出创新性 AR/MR 头盔 HoloLens

智能可穿戴外置设备的关键在于可弯曲屏幕，LG 已经研发出能弯曲 90°的软性屏幕。当可弯曲屏幕技术真正成熟时，将智能手机上的配件重新设计布局，一个全功能的可穿戴式设备便成形了，所以这个是非常值得期待的。可弯曲的智能可穿戴外置设备如图 3-11 所示。

图 3-11　可弯曲的智能可穿戴外置设备

3.3.3　智能可穿戴外置机械设备

智能可穿戴外置机械设备有全球运动与控制领域的领导者派克汉尼汾公司的 Indego 外骨骼装置。Indego 是一种个人移动系统，通过陀螺仪和感应器监测使用者的平衡水平来控制体位改变。这一款智能可穿戴外置机械设备可用作患者的机械下肢支撑，为臀部和膝盖提供直立行走所需的扭力或旋转力。得益于专有的控制接口，该装置运行流畅，能与人体的自然运动和姿态协调一致。Indego 重 12.25kg，仅为其他外骨骼装置的一半，此外，其外形纤细轻巧，采用了模块化设计，可迅速进行组装和拆卸，以便于使用和运输。智能可穿戴外置机械设备如图 3-12 所示。

扫码看视频

图 3-12 智能可穿戴外置机械设备

3.4 智能可穿戴设备交互技术

智能可穿戴式设备是一种可穿戴的便携式计算设备，具有微型化、可携带、体积小、移动性强等特点。可穿戴设备是一种人机直接无缝、充分连接的交互方式，其主要特点包括单（双）手释放、语音交互、感知增强、触觉交互、意识交互等。智能可穿戴设备的主要交互方式及交互技术有以下几个方面。

3.4.1 骨传导交互技术

骨传导交互技术主要是一种针对声音的交互技术，将声音信号通过振动颅骨而不通过外耳和中耳直接传输到内耳。骨传导振动并不直接刺激听觉神经，但它激起的耳蜗内基底膜的振动却和空气传导声音的作用完全相同，只是灵敏度较低。

扫码看视频

在正常情况下，声波通过空气传导、骨传导两条路径传入内耳，然后由内耳的内、外淋巴液产生振动，螺旋器完成感音过程，随后听神经产生神经冲动，呈递给听觉中枢，大脑皮层综合分析后，最终"听到"声音。骨传导技术通常由两部分构成，一般分为骨传导输入设备和骨传导输出设备。骨传导输入设备是指采用骨传导技术接收说话人说话时产生的骨振信号，并传递到远端或者录音设备。骨传导输出设备是指将传递来的音频电信号转换为骨振信号，并通过颅骨将振动传递到人内耳的设备。

目前在智能眼镜、智能耳机等方面的应用即是骨传导交互技术。骨传导技术是比较普遍的交互技术，包括谷歌眼镜也是采用声音骨传导技术来构建设备与使用者之间的声音进行交互。

3.4.2 眼动跟踪交互技术

眼动跟踪又称为视线跟踪、眼动测量，通常由 3 种追踪方式组成：一是根据眼球和眼球周边的特征变化进行跟踪，二是根据虹膜角度变化进行跟踪，三是主动投射红外线等光束到虹膜来提取特征。眼动追踪技术是当代心理学

扫码看视频

研究的重要技术，已经存在相当长的一段时间，在实验心理学、应用心理学、工程心理学、认知神经科学等领域有比较广泛的应用。随着可穿戴设备尤其是智能眼镜的出现，这项技术开始被应用在可穿戴设备的人机交互中。

眼动跟踪交互技术的主要原理是当人的眼睛看向不同方向时，眼部会有细微的变化，这些变化会产生可以提取的特征，计算机可以通过图像捕捉或扫描提取这些特征，从而实时追踪眼睛的变化，预测用户的状态和需求并进行响应，达到用眼睛控制设备的目的。

通常眼动跟踪可分为硬件检测、数据提取、数据综合3个步骤。硬件检测得到以图像或电磁形式表示的眼球运动原始数据，该数据被数字图像处理等方法提取为坐标形式表示的眼动数据值，该值在数据综合阶段同眼球运动先验模型、用户界面属性、头动跟踪数据、用户指点操作信息等综合实现视线眼动跟踪功能。

3.4.3　AR/MR 交互技术

增强现实（AR）是指在真实环境之上提供信息性和娱乐性的覆盖，如将图形、文字、声音、视频及超文本等叠加于真实环境之上，提供附加信息，从而实现提醒、提示、标记、注释及解释等辅助功能，是虚拟环境和真实环境的结合。介入现实（MR）则是计算机对现实世界的景象处理后的产物。

扫码看视频

AR/MR 技术可以为可穿戴设备提供新的应用方式，主要是在人机之间构建了一种新的虚拟屏幕，并借助于虚拟屏幕实现场景的交互。这是目前智能眼镜、沉浸式设备、体感游戏等方面应用比较广泛的交互技术之一。

3.4.4　语音交互技术

语音交互可以说是可穿戴设备时代人机交互之间最直接，也是当前应用比较广泛的交互技术之一。尤其是可穿戴设备的出现以及相关语音识别与大数据技术的逐渐成熟，给语音交互带来全新的契机。新一代语音交互技术的崛起并不是识别技术取得了多大的突破，而是将语音、智能终端以及云端后台进行了恰到好处的整合，让人类的语音借助于数据化的方式与程序世界实现交流，并达到控制、理解用户意图的目的。前端使用语音技术，重点在后台集成了网页搜索、知识计算、资料库、问答推荐等各种技术，弥补了过去语音技术单纯依赖前端命令的局限性。

扫码看视频

扫码看视频

语音交互技术的应用分为两个发展方向，一个方向是大词汇量连续语音识别系统，主要应用于计算机的听写机；另一个重要的发展方向是小型化、便携式语音产品的应用，如无线手机上的拨号、智能玩具等。目前语音识别的排干扰能力还有待加强，多语境下的识别还有待完善。

小　结

本章主要介绍了智能可穿戴交互技术，涵盖智能可穿戴技术简介、智能可穿戴技术发展、智能可穿戴交互设备分类、智能可穿戴设备交互技术等。

第4章 常见智能可穿戴设备

- 了解智能可穿戴技术
- 掌握智能可穿戴眼镜的设计与实现
- 理解智能可穿戴头盔的设计与实现
- 掌握智能 9D 体验馆的设计与实现

扫码看视频

4.1　常见智能可穿戴设备简介

智能可穿戴设备包括智能可穿戴眼镜、智能可穿戴头盔、智能 9D 体验馆等交互设备。

智能可穿戴眼镜的设计利用廉价的 3D 眼镜就可以体验 3D 虚拟现实设计效果。3D 眼镜采用了"时分法"，通过 3D 眼镜与显示器同步的信号来实现。当显示器输出左眼图像时，左眼镜片为透光状态，而右眼为不透光状态；当显示器输出右眼图像时，右眼镜片透光而左眼不透光，这样，两只眼睛就看到了不同的游戏画面，达到欺骗眼睛的目的，以这样频繁地切换来使双眼分别获得有细微差别的图像，经过大脑计算生成一幅 3D 立体图像。3D 眼镜在设计上采用了精良的光学部件，与被动式眼镜相比，可实现每一只眼睛的双倍分辨率以及很宽的视角。

智能可穿戴眼镜的原理和人类的眼睛类似，两片透镜相当于眼睛，但远没有人眼"智能"。它一般都是将内容分屏，左右视频通过镜片实现叠加成像。要保证人眼瞳孔中心、透镜中心、屏幕（分屏后）中心在一条直线上，通过大脑计算来生成立体图像，从而获得 3D 视觉效果。常见的 3D 眼镜分类有色差式、偏光式、主动快门式等。

智能可穿戴头盔集仿真技术、计算机图形学、人机接口技术、多媒体技术、传感技术、网络技术等多种技术于一体，是借助计算机及最新传感器技术创造的一种崭新的人机交互手段，是一个跨时代的产品。

智能可穿戴头盔的显示器有三类：外接式头盔显示器、一体式头盔显示器和移动端头盔显示器。

外接式头盔显示器的用户体验较好、具备独立屏幕、产品结构复杂、技术含量较高，但

受到数据线的束缚，无法自由活动，代表产品有 HTC VIVE、Oculus Rift。

一体式头盔显示器也叫 VR 头盔显示器一体机，无须借助任何输入、输出设备就可以在虚拟的世界里尽情感受 3D 带来的视觉冲击。

移动端头盔显示器的结构简单、价格低廉，只要放入手机即可观看，使用方便，是大众化的产品。

VR/AR 智能可穿戴头盔设备如图 4-1 所示。

图 4-1　VR/AR 智能可穿戴头盔设备

智能 9D 体验馆由 360°全景头盔、动感特效互动仓、周边硬件设备、内容平台等组合而成，为用户带来沉浸式的游戏娱乐体验。在互动影院和互动游戏方面不断整合各种娱乐要素，使用户在虚拟世界中的体验更加丰富多彩，如虚拟格斗、虚拟射击、虚拟过山车、虚拟飞行、虚拟驾驶等。

4.2　智能可穿戴眼镜

智能可穿戴立体现实设备中的智能可穿戴眼镜为 3D 眼镜，包含色差式 3D 眼镜、偏振式 3D 眼镜以及主动快门式 3D 眼镜等。色差式（红蓝、红绿、棕蓝等）3D 眼镜主要应用于笔记本计算机、台式计算机、一体式计算机等；主动快门式 3D 眼镜主要为家庭用户提供高品质的 3D 显示效果；偏振式 3D 眼镜主要应用于 3D 立体影院。

4.2.1　智能可穿戴眼镜的原理

3D 眼镜应用于智能可穿戴领域是虚拟现实技术发展的必然趋势，3D 立体眼镜主要包括色差式 3D 眼镜、偏振式 3D 眼镜及主动快门式 3D 眼镜，具体介绍如下：

扫码看视频

色差式 3D 眼镜是通过 3D 眼镜与显示器同步的信号来实现立体效果。当显示器输出左眼图像时，左眼镜片为透光状态，而右眼为不透光状态；当显示器输出右眼图像时，右眼镜片透光而左眼不透光，这样两只眼镜就看到了不同的画面，以这样频繁地切换来使双眼分别获得有细微差别的图像，经过大脑计算生成一幅 3D 立体图像。3D 眼镜在设计上采用了精良的光学部件，与被动式眼镜相比，可实现每一只眼睛双倍分辨率以及很宽的视角。色差式 3D 眼镜主要应用于笔记本计算机、一体式计算机、台式计算机以及电视机等，适合于家庭使用。色差式 3D 立体眼镜包括红蓝、红绿、棕蓝等 3D 眼镜，如图 4-2 所示。

偏振式 3D 眼镜分为线偏振和圆偏振两种类型。线偏振 3D 眼镜，使用 x、y 两个偏转方向，也就是通过眼镜上两个不同偏转方向的偏振镜片，让两只眼睛分别只能看到屏幕上叠加的纵向、横向图像中的一个，从而显示 3D 立体图像效果。圆偏振是新一代的 3D 偏振技术，该镜片的偏振方式是圆形旋转的，一个向左旋转，一个向右旋转，这样两个不同方向的图像就会被区分开，这种偏振方式基本上可以全方位感受 3D 图像。偏振 3D 眼镜主要利用了镜片对光线的偏转，也被称为"分光"技术。偏振 3D 眼镜多用于 3D 影院和剧场，是一种常见的 3D 影院解决方案。偏振式 3D 立体眼睛如图 4-3 所示。

图 4-2　色差式 3D 立体眼镜

图 4-3　偏振式 3D 立体眼镜

主动快门式 3D 眼镜主要为家庭用户提供高品质的 3D 显示效果，这种技术的实现需要一副主动式 LCD 快门眼镜，交替左眼和右眼看到的图像使大脑将两幅图像融合成一体，从而产生了单幅图像的 3D 深度感。它是根据人眼对影像频率的刷新时间来实现的，通过提高画面的刷新频率（至少达到 120Hz，左眼和右眼各 60Hz）快速刷新图像才不会产生抖动感，并且保持与 2D 视像相同的帧数，观众的两只眼睛看到快速切换的不同画面，并且在大脑中产生错觉，便观看到立体影像。主动快门式 3D 眼镜需要放入电池，边框比较宽大，同时其画面亮度也比较低。主动快门式 3D 眼镜如图 4-4 所示。

图 4-4　主动快门式 3D 眼镜

4.2.2　智能可穿戴眼镜的功能实现

3D 家庭影院系统由 3D 眼镜、3D 播放器和 3D 片源构成。3D 眼镜属于可穿戴硬件设备，家庭影院中使用色差式或快门式 3D 眼镜，而偏振式 3D 眼镜主要应用于影院和剧场。家庭影院的软件支持包含 3D 播放器和 3D 片源。3D 家庭影院系统如图 4-5 所示。

扫码看视频

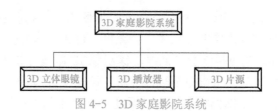

图 4-5　3D 家庭影院系统

要实现 3D 电影的观看首先需要购买红蓝（色差式）3D 眼镜，再下载一个左右格式或红蓝格式的片源并安装 3D 暴风影音播放器。具体实现步骤如下：

1）启动"暴风影音"播放器，单击左下角的"文件夹"按钮，显示"音视频优化技术"窗口，如图 4-6 所示。

图 4-6　暴风影音 3D 版播放器

2）在"音视频优化技术"菜单中有 3D 开关、添加到界面、3D 设置等命令。选择"3D 开关"→"开启 3D"命令，此时"3D 开关"显示为"已开启"，如图 4-7 所示。

图 4-7　暴风影音 3D 功能设置

3）"3D 设置"功能包括输出设置、输入设置和观看设置。在输出设置中，默认为红蓝双色眼镜，单击下拉菜单显示有红蓝双色、红绿双色、3D 快门显示器、3D 偏振显示器（隔行）、2D 播放等选项，如图 4-8 所示。

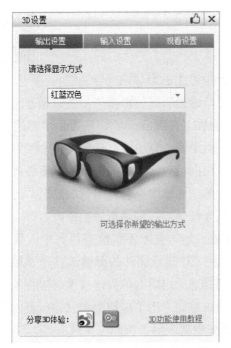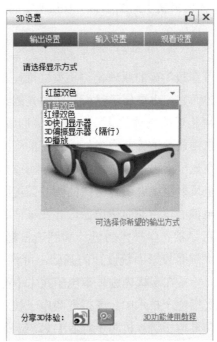

图 4-8　暴风影音红蓝双色眼镜功能设置

4）下载红蓝双色或左右 3D 片源到计算机中，利用暴风影音 3D 播放器再戴上红蓝 3D 眼镜就可以观看 3D 电影了，观看立体影像的效果如图 4-9 所示。

图 4-9　红蓝 3D 眼镜观看立体影像的效果

4.3　智能可穿戴头盔

VR/AR 智能可穿戴立体设备涵盖 3D 眼镜、3D 头盔组合机、3D 头盔一体机等。3D 眼

镜属于低端虚拟现实产品；3D 头盔组合机适合于低投入高回报的大众虚拟头盔显示设备；3D 头盔一体机隶属于高端虚拟 / 增强现实的智能头盔显示设备。

4.3.1　智能可穿戴头盔的原理

智能可穿戴头盔的原理是将小型二维显示器所产生的影像由光学系统放大。具体而言，小型显示器所发射的光线经过凸透镜折射使影像产生类似远方的效果，利用此效果可将近处物体放大至远处观赏形成全息图（Hologram）。液晶显示器的影像通过一个偏心自由曲面透镜变成类似大银幕的画面。由于偏心自由曲面透镜是一个倾斜状的凹透镜，因此在光学上已不单是透镜功能，而成为自由面棱镜。产生的影像进入偏心自由曲面棱镜面，再全反射至观者眼睛对向的侧凹面镜面。侧凹面镜面涂有一层镜面涂层，光线再次被放大反射至偏心自由曲面棱镜面，并在该面补正光线倾斜，到达观者的眼睛。

智能可穿戴光学技术的设计和制造日趋完善，这一技术不仅能应用到个人显示器，还是紧凑型大屏幕投影系统设计的基础，可将小型 LCD 显示器件的影像透过光学系统做成全像大屏幕。除了在现代先进军事电子技术中得到普遍应用成为单兵作战系统的必备装备外，还拓展到民用电子技术中。虚拟现实电子技术系统首先应用了虚拟现实立体头盔。例如，新一代家用仿真电子游戏机和步行者 DVD 影视系统中就应用了智能可穿戴头盔。

无论是要在现实世界的视场上看到需要的数据，还是要体验视觉图像变化时全身心投入的临场感；无论是在模拟训练、3D 游戏、远程医疗和手术，还是利用红外、显微镜、电子显微镜来扩展人眼的视觉能力，智能可穿戴头盔都得到了应用。例如，军事上在车辆、飞机驾驶员以及单兵作战时的命令传达、战场观察、地形查看、夜视系统显示、车辆和飞机的炮瞄系统等都可以采用智能可穿戴头盔；在 CAD/CAM 操作上，操作者可以使用它远程查看数据，比如局部数据清单、工程图纸、产品规格等；波音公司在采用 VR 技术进行波音 777 飞机设计时也应用了智能可穿戴头盔。

智能可穿戴头盔既可以单独使用，也可以与以下设备联合使用：

1）配合 3D 虚拟现实真实场景；

2）配合大屏幕立体现实屏幕；

3）配合数据反馈手套使用；

4）配合 3D 眼镜使用。

4.3.2　智能可穿戴头盔的功能实现

扫码看视频

智能可穿戴头盔组合设备由 3D 头盔显示器、3D 播放器以及 3D 片源构成，如图 4-10 所示。3D 头盔分为一体机和组合机两种，3D 头盔一体机包含 OLED 显示器、主机芯片、内存储器、定位传感系统、电路控制连接系统以及电池等，其中 OLED 显示器包含图像信息显示、成像光学系统。

3D 头盔组合机由头盔设备和智能手机构成，头盔设备的组成包括头盔盖、头盔架、镜片以及头带等；智能手机的尺寸应在 3.5 ~ 5.6 英寸（in），完全兼容苹果和安卓智能手机系统。

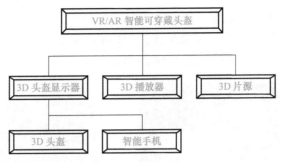

图 4-10　VR/AR 智能可穿戴头盔组合设备

　　3D 头盔显示器组合机适合大众消费，目前智能手机几乎人手一部，只需投入少量资金就可以购买一部虚拟 3D 头盔显示器，体验 3D 影院级震撼观看效果。

　　3D 头盔显示器组合机有许多产品，如暴风 3D 魔镜、膝浪魔镜、VR-CASE、真幻魔镜等。头盔采用进口塑料制成，有精致的外壳和舒适的手感。它的光学镜片采用树脂镜片，大幅度提升了镜片的透光度、减少畸变、去除阴影。镜盒盖时刻保护着智能手机，双重卡盖开关压扣方便牢固。眼罩采用舒适的材料，使其与面部接触时产生舒适的感觉。可调节头带帮助使用者调整到最佳位置，方便舒适地观看 3D 影院效果的大片。3D 头盔显示器组合机硬件正背面产品构成设计如图 4-11 所示。

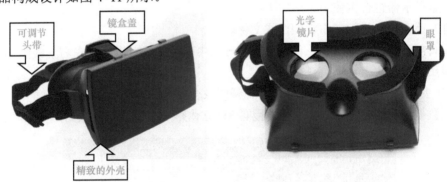

图 4-11　3D 头盔显示器组合机硬件正背面产品构成设计

3D 头盔显示器组合机安装智能手机后如图 4-12 所示。

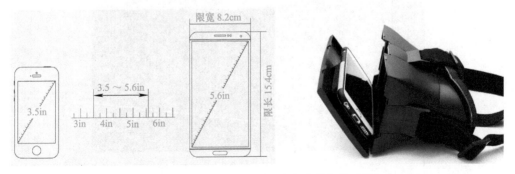

图 4-12　3D 头盔显示器组合机安装智能手机

智能手机软件设置：在手机上安装暴风 3D 魔镜播放器、射手播放器、爱奇艺播放器等。

下载左右视频格式的电影、电视节目。利用 3D 头盔显示器组合机将其播放后会产生 3D 立体影院观看效果，还可以身临其境体验沉浸式 3D 游戏设计效果。3D 立体影院观看效果如图 4-13 所示，3D 沉浸式游戏体验如图 4-14 所示。

图 4-13　3D 立体影院观看效果

图 4-14　3D 沉浸式游戏体验

3D 头盔显示器组合机使用方法如下：

1）打开镜盒盖，播放左右视频格式文件。

2）将智能手机放入盒子中，使视频左右画面中间分割线对准盒子左右视线阻挡板。

3）将头盔戴到头上，调整头带。

4）3D 头盔显示器组合机自动将左右视频图像合成为 3D 视频图像。

3D 头盔显示器组合机体验"IMAX 巨幕 3D 立体影院"的观看效果如图 4-15 所示。

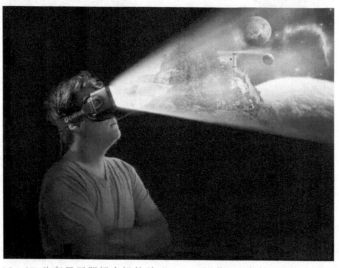

图 4-15　3D 头盔显示器组合机体验"IMAX 巨幕 3D 立体影院"的观看效果

3D 头盔显示器组合机价格低廉、性能优越、其性能主要表现在 3D 眼镜的清晰度高达 99%、视角 100%、图像无色差、视场水平、镜片双凸弧形聚光，模拟观看距离相当于在 3 米远处观看1050英寸大的巨屏。使用者可以感受全方位3D视听，体验3D影院级震撼观看效果。

4.4 智能 9D 体验馆

扫码看视频

4.4.1 智能 9D 体验馆架构

智能 9D 体验馆由一个 360°全景头盔、一个动感特效互动仓、周边硬件设备和内容平台构成。智能 9D 体验馆的层次结构如图 4-16 所示。

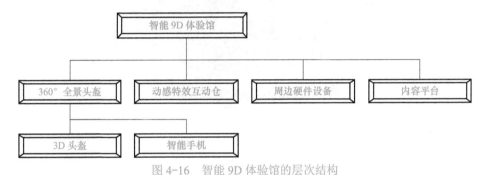

图 4-16　智能 9D 体验馆的层次结构

4.4.2 智能 9D 体验馆的功能实现

扫码看视频

智能 9D 体验馆的 360°全景头盔可以带来沉浸式的游戏娱乐体验，使用者轻轻转动头部就可将眼前的美景一览无余。多声道音频区的音频系统分割为纵向和横向分区，运用离散扬声器将音乐和声效传到影片所创建的空间，将"环绕立体声"提升到一个全新的高度。动感特效互动仓控制细腻精准，使使用者在游戏里的每一次俯冲、跳跃、旋转、爬升都仿佛身临其境。智能操作手柄可以轻松完成人机交互，如遇敌作战、行走等，还可以轻松实现任意旋转。360°旋转平台的运动速度从 10～160mm/s，可根据影片场景自动调节，为使用者带来身临其境的沉浸感受。头部体感瞄准只需使用者轻轻转动头部即可精确瞄准，配合手柄一键击杀。

智能 9D 体验馆在互动影院和互动游戏方面不断整合各种娱乐要素，使使用者在虚拟世界中的体验更加丰富多彩，虚拟格斗、虚拟射击、虚拟过山车、虚拟飞行、虚拟驾驶等层出不穷的刺激内容令人目不暇接、惊喜连连。智能 9D 体验馆如图 4-17 所示。

智能 9D 体验馆独创性地将尖端体感虚拟现实技术、互动仿真数控机械技术和多元化娱乐内容平台巧妙结合于一体，打造出一套空前创新、独具特色的一体化虚拟现实体验解决方案，开启了虚拟互动娱乐的新纪元，使梦想与现实有机结合，将虚拟世界变得触手可及。

互动娱乐产业才是虚拟 / 增强现实行业可持续发展的根本所在，要深刻了解虚拟现实技术研发、产品以及销售的商业化精髓，通过硬件切入虚拟现实体验市场，再通过软件主抓用户契合度、实现用户聚合，始终坚持技术与内容双核驱动，始终在"软件、硬件兼备"的道路上坚定向前。智能 9D 体验馆着眼于提升用户体验，独家实现虚拟现实装置、周边硬件外设、娱乐软件内容的无缝结合，让虚拟互动娱乐体验更全面、更丰富、更深刻，成为名副其实的

沉浸式虚拟 / 增强互动娱乐体验馆。

图 4-17　智能 9D 体验馆

小　结

本章主要介绍了常见的智能可穿戴设备，包括智能可穿戴设备简介、智能可穿戴眼镜、智能可穿戴头盔和智能 9D 体验馆。

智能可穿戴设备是指直接穿在身上或是整合到用户的衣服或配件的一种便携式设备。智能可穿戴设备不仅是一种硬件设备，更是通过软件支持以及数据交互、云端 5G 交互来实现强大的功能。智能可穿戴设备将会对人们的生活、感知带来颠覆性的转变。

习　题

一、选择题

1．单选题

1）以下说法正确的是（　　）。

A．红蓝眼镜采用的是偏振原理

B．红蓝 3D 眼镜是通过 3D 眼镜与显示器同步信号来实现的

C．3D 眼镜不适合家庭使用

D．偏振式 3D 眼镜需要放置电池才能使用

2）VR/AR 智能可穿戴头盔的显示原理是（　　）。

A．将小型二维显示器所产生的影像由光学系统放大

B．将真实世界和虚拟世界的信息集成

    C. 将计算机生成的虚拟场景造型和真实环境中的物体进行匹配

    D. 将画面美化显示

3）以下说法错误的是（   ）。

    A. 虚拟现实头盔可以单独使用

    B. 3D 眼镜与虚拟现实头盔的成像原理不同

    C. 虚拟现实头盔能与 3D 眼镜联合使用

    D. 3D 头盔显示器组合机由 3D 眼镜和智能手机构成

2. 多选题

1）3D 立体眼镜分类主要包括（   ）等。

    A. 色差式 3D 眼镜   B. 偏振式 3D 眼镜

    C. 主动快门式 3D 眼镜   D. VR 眼镜

2）3D 家庭影院系统的 3 个基本构成要素是（   ）。

    A. 3D 扫描仪   B. 3D 播放器   C. 3D 片源   D. 3D 眼镜

3）VR/AR 智能可穿戴设备由（   ）组成。

    A. 3D 眼镜   B. 3D 头盔显示器组合机

    C. 3D 影片   D. 3D 头盔显示器一体机

4）人们可以使用 3D 虚拟现实头盔观看（   ）。

    A. 3D 图片   B. 3D 视频   C. 3D 地图   D. 3D 影视

二、判断题

1）利用 3D 眼镜在显示器或电视机上观看 2D 电影具有更好的观看效果。   （   ）

2）虚拟头盔显示器包含头盔、镜片、镜盒盖、眼罩、头带等。   （   ）

3）使用 3D 眼镜可以体验沉浸式 3D 游戏。   （   ）

三、填空题

1）偏振式 3D 眼镜分为 _____ 和 _____ 两种类型。

2）利用智能可穿戴头盔的成像原理可将近处物体放大至远处观赏从而达到所谓的 _____ 视觉。

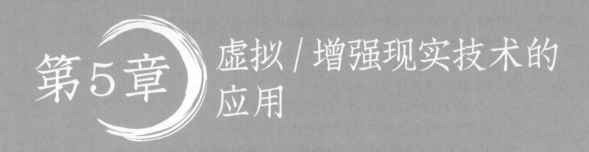

第5章 虚拟/增强现实技术的应用

学习目标

- 了解虚拟/增强现实技术在航空航天和军事领域中的应用
- 掌握虚拟/增强现实技术在工业仿真设计领域中的应用
- 理解虚拟/增强现实技术在地理信息与城市规划领域中的应用
- 掌握虚拟/增强现实技术在医学领域中的应用
- 掌握虚拟/增强现实技术在旅游与考古领域中的应用
- 掌握虚拟/增强现实技术在教育及网上购物中的应用
- 了解虚拟/增强现实技术在游戏设计与娱乐中的应用

虚拟/增强现实技术主要应用于航空航天、军事模拟演练、工业仿真、虚拟城市规划设计、虚拟医学领域、虚拟地理信息系统、虚拟文物古迹、虚拟旅游应用、虚拟房地产开发、虚拟电子商务、虚拟教育系统、虚拟游戏设计以及虚拟娱乐等领域。

5.1 在航空航天和军事领域中的应用

扫码看视频

5.1.1 在航空航天领域中的应用

美国国家航空航天局（NASA）的科学家将 VR 技术作为了解火星景观的一种方式。任务模拟一直都是太空探索的重要环节，因为它能帮助宇航员为未知的环境做好准备。NASA 打算推出 Mars 2030 项目，将为 VR 爱好者提供红色星球上的虚拟现实体验。

2015 年，NASA 公布了 OnSight 项目，通过与微软合作，研究人员使用微软的 Hololens 头盔探索由好奇号收集的数据构建而成的虚拟 3D 火星环境。利用 VR 技术构建的虚拟 3D 火星环境如图 5-1 所示。

Mars 2030 由 NASA、MIT 太空系统实验室和多平台媒体公司 Fusion Media 基于现有的硬件及操作概念共同开发，可在 Google Cardboard，三星 Gear VR 和 Oculus Rift 等平台免费使用，也将支持 iOS 和 Android 两大平台。

　　除了用于实际训练，VR 还能帮助人们分享航空航天工作，让更多人了解太空，激发更多年轻人探索太空。

图 5-1　利用 VR 技术构建的虚拟 3D 火星环境

5.1.2　虚拟军事模拟演练

　　在模拟虚拟战场环境中，可采用虚拟现实技术使受训者在视觉和听觉上真实体验战场的环境、熟悉作战区域的环境特征。用户通过必要的设备可与虚拟环境中的对象进行交互，从而产生沉浸于真实环境的感受和体验。虚拟战场环境的实现方法可通过相应的三维战场环境图形图像库，包括作战背景、战地场景、各种武器装备和作战人员等，通过背景生成与图像合成创造出一种险象环生、几近真实的立体战场环境，使演练者"真正"进入形象逼真的战场。

　　在虚拟现实单兵模拟训练与评判系统中导调人员可设置不同的战场背景，给出不同的情况，而受训者则通过立体头盔、数据服、数据手套或三维鼠标来操作传感装置做出或选择相应的战术动作，输入不同的处置方案，体验不同的作战效果，进而像参加实战一样，锻炼和提高战术水平、反应能力和心理承受力。与常规的训练方式相比，虚拟现实训练具有环境逼真、身临其境、场景多变、训练针对性强和安全经济可控性强等特点。例如，美空军用虚拟现实技术研制的飞行训练模拟器能产生视觉控制，处理三维实时交互图形，且具有图形以外的声音和触感，不但能以正常方式操纵和控制飞行器，还能处理虚拟现实中飞机以外的各种情况，如气球的威胁、导弹的发射轨迹等。虚拟军事模拟演练使参战双方同处一个"虚拟战场"中，根据虚拟环境中的各种情况实施"真实的"对抗演习。这样的虚拟作战环境可以使众多军事单位参与到作战模拟中，而不受地域的限制，大大提高了战役训练的效益，还可以评估武器系统的总体性能，启发新的作战思想。虚拟军事模拟演练与飞行训练模拟器如图 5-2 所示。

图 5-2　虚拟军事模拟演练与飞行训练模拟器

5.2　在工业仿真设计领域中的应用

扫码看视频

虚拟工业仿真设计正对现代工业进行一场前所未有的革命，先进科学技术的应用显现出巨大的威力，虚拟现实已经被世界上的一些大型企业广泛应用到工业的各个环节，对企业提高开发效率，加强数据采集、分析、处理能力，减少决策失误，降低企业风险起到了重要的作用。虚拟现实技术的引入将使工业设计的手段和思想发生质的飞跃，更加符合社会发展的需要，可以说在工业设计中应用虚拟现实技术是可行且必要的。

虚拟工业仿真设计的应用包括生产、加工、装配、制造以及工业概念设计等。世界上发达国家致力于虚拟制造的研究与应用，如波音 777 的整机设计、部件测试、整机装配以及各种环境下的试飞均是在计算机上完成的，其开发周期从 8 年缩短到 5 年。

目前已提出两种基于虚拟现实的工业仿真设计方法。一种是增强可视化，它利用现有的 CAD 系统产生模型，然后将模型输入到虚拟现实环境中，用户充分利用各种增强效果设备（如头盔显示器等）产生身临其境的感受。另一种是 VR-CAD 系统，设计者直接在虚拟环境中参与设计。虚拟工业汽车设计如图 5-3 所示。

图 5-3　虚拟工业汽车设计

5.3 在地理信息与城市规划领域中的应用

5.3.1 虚拟地理信息系统

扫码看视频

　　虚拟现实技术把三维地面模型、正射影像和城市街道、建筑物及市政设施的三维立体模型融合在一起，再现城市建筑及街区景观，用户在显示屏上可以很直观地看到生动逼真的城市街道景观，可以进行查询、测量、漫游、飞行浏览等一系列操作，满足数字城市技术由二维 GIS 向三维虚拟现实的可视化发展需要，为城建规划、社区服务、物业管理、消防安全、旅游交通等提供可视化空间地理信息服务。

　　电子地图技术是集地理信息系统技术、数字制图技术、多媒体技术和虚拟现实技术等多项现代技术为一体的综合技术。电子地图是一种以可视化的数字地图为背景，以文本、照片、图表、声音、动画、视频等多媒体为表现手段展示城市、企业、旅游景点等区域综合面貌的现代信息产品。它可以存储于计算机外存，以只读光盘、网络等形式传播，以桌面计算机或触摸屏计算机等形式提供给大众使用。由于电子地图产品结合了数字制图技术的可视化功能、数据查询与分析功能以及多媒体技术和虚拟现实技术的信息表现手段，加上现代电子传播技术的作用，它一出现就赢得了社会的广泛关注。虚拟地理信息系统如图 5-4 所示。

图 5-4　虚拟地理信息系统

5.3.2 虚拟城市规划

　　虚拟现实技术可以广泛应用在城市规划设计的各个方面，不但能给用户带来强烈、逼真的感官冲击，还可以通过其数据接口在实时的虚拟环境中随时获取项目的数据资料，方便大型复杂工程项目的规划、设计、投标、报批、管理，有利于设计与管理人员对各种规划设计方案进行辅助设计与方案评审。利用虚拟现实技术建立的虚拟环境是由基于真实数据建立的数字模型组合而成，严格遵循工程项目设计的标准和要求建立逼真的三维场景，对规划项目进行真实的场景"再现"。用户在三维场景中自主漫游、人机交互以及动态感知等，很多不易察觉的设计缺陷能够轻易地被发现，可以减少由于事先规划不周全而造成的损失与遗憾，大大提高了项目的评估质量。运用虚拟现实系统可以很轻松地对场景进行

修改，改变建筑物的高度，改变建筑物的外立面的材质、颜色，改变绿化密度等，大大加快了方案设计的速度，提高了方案设计和修正的效率，也节省了大量的资金。虚拟现实城市规划设计效果图如图 5-5 所示。

图 5-5　虚拟现实城市规划设计效果图

5.3.3　虚拟房地产开发

随着房地产行业竞争的加剧，传统的展示手段如平面图、表现图、沙盘、样板房等已经远远无法满足消费者的需要。敏锐把握市场动向，启用最新的技术并迅速转化为生产力可以领先一步击溃竞争对手。虚拟房地产开发是集成影视、广告、动画、多媒体、网络科技于一身的新型房地产营销方式，在广州、上海、北京等国内大城市，加拿大、美国等经济和科技发达的国家都非常热门，是当今房地产行业综合实力的象征和标志。其核心是房地产销售，同时在房地产开发中的其他重要环节包括申报、审批、设计、宣传等方面都有着非常迫切的需求。虚拟房地产及样板房开发设计如图 5-6 所示。

图 5-6　虚拟房地产及样板房开发设计

5.4　在医学领域中的应用

虚拟现实技术在医学方面的应用具有十分重要的现实意义。在虚拟环境中，可以建立虚拟的人体模型，学生借助跟踪球、HMD、感觉手套等设

扫码看视频

备可以很容易了解人体内部的各种器官结构，这比采用教科书的方式要有效得多。Pieper 及 Satara 等研究者在 20 世纪 90 年代初基于两个 SGI 工作站建立了一个虚拟外科手术训练器，用于腿部及腹部的外科手术模拟。这个虚拟的环境包括虚拟的手术台与手术灯，虚拟的外科工具（如手术刀、注射器、手术钳等），虚拟的人体模型与器官等。借助于 HMD 及感觉手套，使用者可以对虚拟的人体模型进行手术。但该系统有待进一步改进，例如，需提高环境的真实感，增加网络功能，使其能同时培训多个使用者，或可在外地专家的指导下工作等。在远距离遥控外科手术、复杂手术的计划安排、手术过程的信息指导、手术后果预测、改善残疾人的生活状况及新型药物的研制等方面，虚拟现实技术都有十分重要的意义。虚拟现实在医学领域的应用如图 5-7 所示。

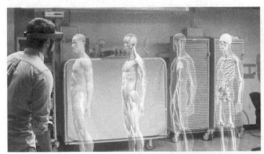

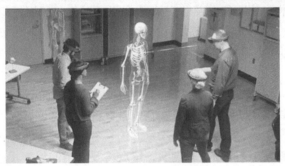

图 5-7　虚拟现实在医学领域的应用

5.5　在旅游与考古领域中的应用

扫码看视频　扫码看视频

5.5.1　虚拟旅游

虚拟现实技术在旅游行业的一个重要应用是对旅游景区的建设规划，既能展现景区每个角落的精心布置，也能轻松预览整体的规划效果，而且具备景区管理功能，可管理景区地面、设备设施以及相关数据等，使景区的规划建设得到完美的展现。

把虚拟现实技术引入旅游产业中，可以对已存在的真实旅游场景进行模拟，将美好的自然风光永久保存，实现实际景观向虚拟空间的移植和再现，同时加入漫游、鸟瞰、行走等操作，还支持自助漫游、选择旅游路线等功能，使体验者产生身临其境的真实感受。体验者不必长途跋涉也能感受大好河山的秀丽壮观，文物古迹、高楼大厦的气势磅礴。

虚拟现实技术也可以在旅游教学、导游培训等方面发挥重要作用，学生可以借助虚拟的景区与景区实现交互，轻松自由地游览风景名胜古迹，学习旅游景区、景点、景观的历史文化知识等。

虚拟澳门科技馆与虚拟故宫旅游场景设计如图 5-8 所示。

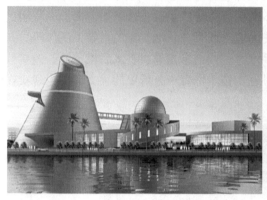

图 5-8　虚拟澳门科技馆与虚拟故宫旅游场景设计

5.5.2　在虚拟文物古迹中的应用

随着虚拟现实技术的发展和普及，虚拟考古逐渐兴起。利用虚拟现实技术可以对文物古迹进行仿真和重现，对遗失的古代文明进行虚拟构建和再现，体验远古时期人类生活、环境及古迹。还可以利用虚拟现实技术仿真白垩纪时代的场景，重现各种已经消失的动物、植物以及自然景观等。

把虚拟现实技术与网络技术结合可以将文物的展示、保护提高到一个崭新的阶段。例如，将文物实体通过影像数据采集手段建立起实物三维或模型数据库，保存文物原有的各项形式数据和空间关系等重要资源，实现濒危文物资源的科学、高精度和永久的保存。还可以利用这些技术来提高文物修复的精度，预先判断、选取将要采用的保护手段，同时可以缩短修复工期。通过网络在大范围内来利用虚拟技术更加全面、生动、逼真地展示文物古迹，从而使文物古迹脱离地域限制，实现资源共享，真正成为全人类可以"拥有"的文化遗产。使用虚拟现实技术可以推动文博行业更快地进入信息时代，实现文物古迹展示和保护的现代化。虚拟文物古迹如图 5-9 所示。

图 5-9　虚拟文物古迹

5.6　在教育及网上购物中的应用

扫码看视频

5.6.1　虚拟教育

虚拟现实技术应用于教育是教育发展的一个飞跃。它营造了"自主学习"的环境，将传统的"以教促学"的学习方式转换为学习者通过自身与信息环境的相互作用来获得知识、技能的新型学习方式。

国内许多高校都在积极研究虚拟现实技术及其应用，并相继建起了虚拟现实与系统仿真的研究室，将科研成果迅速转化为实用技术，例如，北京航空航天大学在分布式飞行模拟方面的应用；浙江大学在建筑方面进行虚拟规划、虚拟设计的应用；哈尔滨工业大学在人机交互方面的应用；清华大学对临场感的研究等都颇具特色，有的研究室甚至已经具备独立承接大型虚拟现实项目的实力。虚拟现实技术能够为学生提供生动、逼真的学习环境，如建造人体模型、计算机太空旅行、化合物分子结构显示等，在广泛的科目领域提供无限的虚拟体验，从而加速和巩固学生学习知识的过程。亲身去经历、亲身去感受比空洞抽象的说教更具说服力，主动的交互与被动的灌输有本质的差别。

虚拟实验利用虚拟现实技术，可以建立各种虚拟实验室，如地理、物理、化学、生物实验室等，拥有传统实验室难以比拟的优势。

1）节省成本：通常由于设备、场地、经费等硬件的限制，许多实验都无法进行。而利用虚拟现实系统，学生足不出户便可以做各种实验，获得与真实实验一样的感受。在保证教学效果的前提下，极大地节省了成本。

2）规避风险：真实的实验或操作往往会带来各种危险，利用虚拟现实技术进行虚拟实验，使学生在虚拟实验环境中可以放心地做各种危险的实验。例如，虚拟的飞机驾驶教学系统，可避免由于学员操作失误而造成飞机坠毁的严重事故。

3）打破空间、时间的限制：利用虚拟现实技术可以彻底打破时间与空间的限制。大到宇宙天体，小到原子粒子，学生都可以进入这些物体的内部进行观察。一些需要几十年甚至上百年才能观察的变化过程，通过虚拟现实技术，可以在很短的时间内呈现给学生观察。例如，生物中的孟德尔遗传定律，用果蝇做实验往往要几个月的时间，而虚拟技术在一堂课内就可以实现。虚拟地理 VR/3D 实验场景体验如图 5-10 所示。

图 5-10　虚拟地理 VR/3D 实验场景体验

利用虚拟现实技术建立起来的虚拟实训基地，其"设备"与"部件"多是虚拟的，可以根据需求随时生成新的设备。教学内容可以不断更新，使实践训练及时跟上技术的发展。同时，虚拟现实的沉浸性和交互性使学生能够在虚拟的学习环境中扮演一个角色，全身心地投入学习环境中，这非常有利于学生的技能训练，包括军事作战技能、外科手术技能、教学技能、体育技能、汽车驾驶技能、果树栽培技能、电器维修技能等各种职业技能的训练。由于虚拟的训练系统无任何危险，学生可以反复练习，直至掌握操作技能为止。

教育部在一系列相关文件中多次涉及虚拟校园，阐明了虚拟校园的地位和作用。虚拟校园也是虚拟现实技术在教育培训中最早的具体应用，由浅至深可分为3个应用层面，分别适应学校不同程度的需求。第一个层面是制作虚拟校园环境供游客浏览；第二个层面是基于教学、教务、校园生活，功能相对完整的三维可视化虚拟校园，它以学员为中心，加入一系列人性化的功能；第三个层面是以虚拟现实技术作为远程教育基础平台，可为高校扩大招生后设置的分校和远程教育教学点提供可移动的电子教学场所，通过交互式远程教学的课程目录和网站，由局域网工具作为校园网站的链接，对各个终端提供开放性的、远距离的持续教育，还可为社会提供新技术和高等职业培训的机会，创造更大的经济效益与社会效益。随着虚拟现实技术的不断发展和完善以及硬件设备价格的不断降低，虚拟现实技术以其自身强大的教学优势和潜力，将会逐渐受到教育工作者的重视和青睐，最终在教育培训领域广泛应用并发挥其重要作用。

5.6.2　网龙华渔 VR 教育平台

网龙华渔与福建省政府共同建立中国福建 VR 产业基地，开始进行 VR 大产业的生态布局，推动 VR 技术与游戏、教育、旅游等传统领域的融合。网龙华渔教育在 VR 方面的工作重心是内容制作，但最终要打造的是一个完全开放式的 VR 开发与设计平台，制作一个教育生态系统。

作为国内 VR 技术应用的先驱企业，网龙华渔教育已经将 VR 技术应用到教育、培训、科研等方面。目前，网龙华渔教育通过福建省 VR 产业基地这一平台，不仅打造出了 VR 编辑器，还在不断生产各类精品内容素材。不久后，普通人只要通过 VR 编辑器就能打造出属于自己的 VR 虚拟场景体验。

网龙华渔欲打造全球 VR 资源分发平台，由网龙华渔建立和运营、致力于 VR 资源和内容开发、运营、服务的 VR 产业基地落成，成为全球首个 VR 全产业链孵化基地。目前已落地的产品和应用包括101VR 沉浸教室、101VR 创客教师等，学生可以佩戴 VR 眼镜在课堂中进行体验。VR 教育平台中已包含数十种模型类别、1300 多种动作以及数百种粒子特效。每一个编辑器都将对应一个包含大量 3D 人物和物件素材的资源库，这些资源库还在逐渐加入 3D 建模素材。网龙华渔的 VR 教育平台应用举例如下：

1）101VR 沉浸教室。

目前网龙华渔教育的 VR 教学内容已经涉及多个学科，涵盖生物课、地理课、科学课、安全教育等教学内容。在 VR 教育方面，网龙华渔教育是名副其实的先行者，在推出 101VR 沉浸教室之前，就已经在尝试将 3D 技术带入书本中。在"世界读书日"活动中，网龙华渔教育联合福建省文化厅、福建省教工委，在福建省少年儿童图书馆，将 VR 技术融入课外阅读，给小朋友们带来不一样的阅读体验。学生可以通过 VR 设备在人体的细胞里漫游，可以前后左右随意地放大缩小来观看整个细胞的发展和变化。101VR 沉浸教室如图 5-11 所示。

图 5-11　101VR 沉浸教室

2）VR 课堂遨游海底。

网龙华渔教育让学生们通过一节主题为《有趣的食物链》的教学观摩课，真切感受 VR 虚拟现实带来的沉浸感受。观摩课上，学生戴上一副 VR 眼镜，眼前会立刻出现一片蔚蓝色的海洋，仿佛自己正置身于海底，可以尽情地观察海底生物。VR 课堂遨游海底如图 5-12 所示。

图 5-12　VR 课堂遨游海底

5.6.3　在虚拟网上购物中的应用

虚拟现实的三维立体的表现形式能够全方位地展现一个商品。企业利用虚拟现实技

术将产品发布成三维的形式，展现出逼真的产品造型，演示产品的功能和使用操作，充分利用互联网高速迅捷的传播优势来推广公司的产品。顾客通过对三维立体产品的观察和操作等互动能够对产品有更加全面的了解和认识，购买商品的概率大幅增加。虚拟现实电子商务为企业和销售者带来更加丰厚的利润。虚拟现实电子商务的 3D 虚拟购物场景设计如图 5-13 所示。

图 5-13　虚拟现实电子商务的 3D 虚拟购物场景设计

5.7　在游戏设计与娱乐中的应用

5.7.1　虚拟游戏设计

扫码看视频

三维游戏既是虚拟现实技术主要的应用方向之一，也为虚拟现实技术的快速发展起到了巨大的需求牵引作用。尽管存在众多技术难题，虚拟现实技术在竞争激烈的游戏市场中还是得到了越来越多的重视和应用。计算机游戏自产生以来，一直都在朝着虚拟现实的方向发展，虚拟现实技术发展的最终目标已经成为三维游戏工作者的崇高追求。从最初的文字 MUD 游戏，到二维游戏、三维游戏，再到网络三维游戏，游戏在保持其实时性和交互性的同时，逼真度和沉浸感正在一步步地提高和加强。随着三维技术的快速发展和软硬件技术的不断进步，在不远的将来，真正意义上的虚拟现实游戏必将为人类娱乐、教育和经济发展做出更大的贡献。虚拟游戏角色设计如图 5-14 所示。

图 5-14　虚拟游戏角色设计

5.7.2 虚拟娱乐应用

虚拟现实中丰富的感觉能力与 3D 显示环境使虚拟现实成为理想的视频游戏工具。由于在娱乐方面对虚拟现实的真实感要求不是很高，所以近些年来虚拟现实在娱乐领域的发展极为迅猛。例如，芝加哥开放了世界上第一台大型可供多人使用的虚拟现实娱乐系统，其主题是关于 3025 年的一场未来战争；英国开发的 Virtuality 虚拟现实游戏系统配有 HMD，大大增强了真实感；1992 年的一台被称为"Legeal Qust"的系统由于增加了人工智能功能，使计算机具备了自学习功能，大大增强了趣味性及难度，获得了该年度的虚拟现实产品奖。利用 VR/AR 技术感受未来战争设计的效果如图 5-15 所示。

图 5-15 利用 VR/AR 技术感受未来战争设计的效果

小 结

本章主要介绍了虚拟/增强现实技术的应用，主要包括在航空航天和军事领域中的应用、在工业仿真设计领域中的应用、在地理信息与城市规划领域中的应用、在医学领域中的应用、在旅游与考古领域中的应用、在教育及网上购物中的应用、在游戏设计与娱乐中的应用等，涵盖了工业、农业、商业、教育、科研、军事、航空航天等领域。

第6章 建模仿真技术

学习目标

○ 了解 3ds Max 与 Maya 建模技术
○ 了解 Blender 虚拟仿真开发平台
○ 掌握 Blender3D 几何建模技术
○ 理解 Blender3D 网格建模设计
○ 掌握 Blender3D 虚拟仿真案例设计

6.1 3ds Max 建模

扫码看视频

3D Studio Max（3ds Max）是 Discreet 公司开发的基于计算机系统的三维动画渲染和制作软件。其前身是基于 DOS 的 3D Studio 系列软件。在 Windows NT 出现以前，工业级的 CG 制作被 SGI 图形工作站所垄断。3D Studio Max+Windows NT 组合的出现降低了 CG 制作的门槛，首先运用在计算机游戏中的动画制作，之后更进一步参与影视片的特效制作，如 X 战警 II、最后的武士等。

6.1.1 3ds Max 建模简介

3ds Max 软件将向智能化、多元化方向发展。首先 3ds Max 有非常好的性价比，它所提供的强大的功能远远超过了它自身低廉的价格，一般的制作公司就可以承受得起，这样就可以使作品的制作成本大大降低，而且它对硬件系统的要求相对来说也很低，普通的配置就可以满足学习的需要。在国内拥有很多的使用者，便于交流和学习。随着互联网的普及，关于 3ds Max 的论坛在国内也相当火爆，初学者可以通过网络来学习该软件，此外，3ds Max 的制作流程十分简洁高效，可以使用户很快上手。

3ds Max 2019 版提供了功能强大、种类丰富的工具集，可自定义工具、更高效地跨团队协作以及更快速、更自信地工作。其功能优化方面如下：

（1）三维动画

1）轨迹视图。根据动画师的需求进行了优化，例如，全新的布局使动画师们坚定不移地使用 3ds Max 开展任务和活动；通过用于操纵关键点值和时间的新工具，改进了在编辑器中选择和构架关键点的方式；借助运动面板中的复制/粘贴/重置功能以及在列表控制器中快速选择轨迹的功能，提高了可用性；可将数据驱动信息添加到场景中；编辑段落、单词或单个字母。

2）当从 Microsoft Word 文档复制文本时，3ds Max 还会保留字体主题、字体样式和字形等信息，简化了从二维到三维的工作流；可以将纹理、动画和效果作为对象应用到文本中，从而在文本内容更改时进行自动更新；搜索字体时将显示字体样式；提供了一个强大的预设系统（包含倒角和动画预设）；可以将预设添加到收藏夹列表，或与其他用户共享预设；借助自定义值字符串可显示自定义信息文本。

3）测地线体素和热量贴图蒙皮。在较短时间内能生成更好的蒙皮权重，可以在绑定姿势外部（甚至是在选定区域中）运行测地线体素和热量贴图蒙皮，从而更轻松地优化特定点的权重。测地线体素蒙皮可处理不防水的复杂几何体，并包含非流形或重叠组件，实际生产网格时通常都是如此。

4）Max Creation Graph 动画控制器。MCG 中的编写动画控制器采用新一代动画工具，可供用户创建、修改、打包和共享动画；新增了 3 个基于 MCG 的控制器：注视约束、光线至曲面变换约束和旋转弹簧控制器；通过 MCG 与 Bullet Physics 引擎的示例集成，可以创建基于物理的模拟控制器。

（2）三维建模和纹理

1）更新的布尔值是双精度的，可提供更可靠的结果，可轻松地添加和移除操作对象，排序或创建嵌套的"布尔运算"。现在，倒角剖面修改器还包括与加强型文本工具相同的倒角控件，因此美工人员能够创建所需的倒角或使用与加强型文本相同的预设。

2）UV 贴图。改进了性能，使 UV 导航和编辑速度提升 5～10 倍。解决了关键的用户请求，改善了纹理创建的性能、视觉反馈和工作流效率，工具集更具一致性，简化了编辑和可预测操作，消除了不必要的步骤。

3）对象工具。选择和操纵对象的增强功能使建模、动画制作和其他任务更高效且更具有创意。主要特性包括：美工人员可以直接使用工作轴，而不必通过"固定工作轴"转到"层次"面板。局部对齐是一种新的轴对齐方法，在将不同的变换应用于子对象选择时，此方法会尝试将每个轴排成一行以获得更加可预测的结果。它位于主工具栏的"参考坐标系"下拉菜单中，单个热键可打开一种模式，供用户选择所需的子对象。添加点到点选择功能，只需按住 <Shift> 键即可。如果选择的元素不相邻，则具有预览功能的点到点选择可准确看到选择的元素。

4）文本和形状贴。静态或已设置动画的二维对象可创建贴花和基于文本的图形。通过删除烘焙步骤，元素可以保持交互并链接到原始对象。此新增功能可自动反映字体更改、内容修订和形状更新。此外，不必离开 3ds Max 项目即可使用对象作为遮罩来创建自定义贴花和图形。

（3）三维渲染

Autodesk Raytracer（ART）渲染器。它是一款基于物理的快速渲染器，是在 Revit、Inventor、Fusion 360 和其他欧特克应用程序中进行设计可视化工作流的不二之选。ART 拥有高效设置，其 CPU 操作与显卡无关，而且对基于图像的照明运用地非常出色，因此，可为大多数行业、产品和建筑室外渲染快速提供逼真效果。利用 Revit 中的 IES 和光度学灯光

支持，能够创建非常精确的建筑场景图像。

（4）动力学和效果

Autodesk CFD 订购客户现在可以通过 3ds Max 照明和渲染工具来观察可视化数据随时间变化的情况。Max Creation Graph 适用于程序员以外的人员，可用于以 CFD、.CSV 或 OpenVDB 格式为模拟数据设置动画、应用渲染样式，应用 CFD 速度场、制作风量样条线动画，以准确的数据进行逼真地演示。

（5）用户界面、工作流和流程

1）资源库。通过本地计算机和网络在单个视图中访问三维内容来实时搜索所有内容，找到最佳资源后，一旦通过外部参照、合并或替换将资源添加到场景中，即可决定其工作方式。从 Autodesk Exchange 下载资源库，添加要建立索引的资源位置的本地或网络文件夹以进行快速搜索。使用文件格式过滤器以仅显示要查看的文件类型，在当前 3ds Max 任务中合并、外部参照或替换内容。3ds Max 的导入方法支持任何非 3ds Max 文件类型，可拖放图像到视窗中作为环境背景或拖放到对象上作为材质漫反射贴图。

2）高 DPI 显示支持在现代 HDPI 显示器和笔记本式计算机上成功运行 3ds Max。3ds Max 可以正确地应用窗口显示缩放，以便用户界面在高 DPI 显示器上更加清晰可辨。此外，还引入了基于 Qt 的全新蒙皮，应用了新视觉样式指南中定义的现代化外观以及现代化多尺寸图标。

3）改善的流程工具集成。通过扩展和改善的 Python/.NET 工具集可更加紧密地与多个流程工具集成。集成此编程语言作为 3ds Max 用户的备选脚本语言，可方便 Python 开发人员创建第三方插件，从而提供适用范围更广、更易于访问的新流程工具。

4）场景转换器。借助越来越多的渲染技术能够以相同方式从一个渲染器转换到另一个渲染器和实时引擎，轻松地在渲染技术之间迁移场景或快速为实时引擎做好准备，包括正确设置灯光、材质和其他特性。通过简单的用户界面可对现有转换脚本进行自定义和微调，从而创建从源到目标的批量转换规则。借助越来越多的渲染技术，使用新的欧特克预设和用户社区，可以随时扩展场景转换器功能，还可以对基于脚本的转换器进行微调以满足个性需求。

5）游戏导出器。通过 FBX 交换技术可以将数据从 3ds Max（如模型、动画应用、角色装备、纹理、材质、LOD、灯光和摄影机）传输至游戏引擎（如 Unity、Unreal Engine 和 Stingray）。

6）实时链接。可以下载 Stingray，充分利用 3ds Max 与 Stingray 引擎之间新的实时链接。Stingray 具有较高的工具交互水平，可大大缩短在场景创建、迭代和测试方面所花费的时间。实时链接支持 Stingray 与 3ds Max 之间的几何体和摄影机连接，以便在交互式三维环境中评估和查看三维资源和场景，在 3ds Max 中进行修改并通过一键式工作流立即在 Stingray 中看到更新。

7）更好地支持 Stingray 明暗器。使用 Stingray 时，可以通过 ShaderFX 增强功能为基于物理的明暗器提供更好的支持，将在 ShaderFX 中创建的材质轻松传输至 Stingray，从而在这两种工具中享受一致的视觉效果。

8）集成创意市场三维内容商店。在 Creative Market 在线市场中购买和销售要在项目中使用的资源，直接从 3ds Max 界面浏览高品质的三维内容。

9）Max Creation Graph。这是一种基于节点的工具创建环境，通过在类似于"板岩材质编辑器"的直观环境中创建图形，利用几何对象和修改器来扩展 3ds Max。用户可以从数百种可连接的节点类型中进行选择，以创建新工具和视觉特效。新的 MCG 节点使用户可以按过程创建、操纵和使用图形与样条线。此外，还可以从位图和模拟数据中导入数据，如 CSV 或 OpenVDB 文件。可以将这些数据作为资源在场景中进行跟踪，以便在场景内部设置准确的模拟数据动画，也可以通过信号参数将按钮添加到 MCG 工具中或通过新的颜色参数添加到颜色拾取器。

10）场景资源管理器和图层管理器。随着场景资源管理器和图层管理器性能和稳定性的改进，可以更加轻松地处理复杂场景。

11）设计工作区。通过设计工作区可更轻松地访问 3ds Max 的主要功能，导入设计数据来创建逼真的可视化效果。设计工作区采用基于任务的逻辑系统，可轻松地访问对象放置、照明、渲染、建模和纹理制作工具。

12）模板系统。借助新的按需模板提供的标准化启动配置加快场景创建流程，使用简单的导入 / 导出选项在团队和办公室之间共享模板，创建新模板或针对工作流定制现有模板。内置的渲染、环境、照明和单位设置可提供更精确的项目结果。

13）一键访问 Print Studio。要对模型、场景或创作的作品进行三维打印时，可直接从 3ds Max 启动 Print Studio。

6.1.2 3ds Max 建模应用

3ds Max 被广泛应用于广告、建筑装潢设计、影视、工业设计、多媒体制作、游戏、辅助教学以及工程可视化等领域。具体应用举例如下：

（1）广告行业

3ds Max 在广告、影视、片头等领域有着广泛的应用。利用 3ds Max 制作的哈尔滨啤酒商业广告如图 6-1 所示。

图 6-1 哈尔滨啤酒商业广告

（2）建筑装潢设计

3ds Max 在建筑装潢设计领域有着悠久的应用历史，利用 3ds Max 可以快速方便地制作出逼真的室内外效果图。室内外装潢设计如图 6-2 所示。

图 6-2　室内外装潢设计

（3）影视片头包装

3ds Max 在影视片头包装方面发挥着巨大的作用，利用 3ds Max 能够更好地将内容表现、艺术表达和技术含量三者有机统一，达到在短短的几十秒内吸引观众的目的，提高收视率。利用 3ds Max 制作的影视片头包装如图 6-3 所示。

图 6-3　影视片头包装

（4）影视产品广告

通过 3ds Max 制作的影视广告画面更逼真，色彩更协调，同时更加具有冲击力和感染力。影视产品广告如图 6-4 所示。

图 6-4　影视产品广告

（5）电影电视特技

在电影电视的制作中，看上去不可能拍摄出来的画面大部分都是由 3ds Max 制作出来的，随着 3D 技术在影视制作上的广泛应用，影视作品不断地给观众带来视觉上的震撼享受。电影电视特技如图 6-5 所示。

图 6-5　电影电视特技

（6）工业造型设计

由于工业技术的更新换代越来越快，工业制作变得越来越复杂，其设计和制作若仅靠平面绘图难以表现得清晰明了，使用 3ds Max 则可以为模型赋予不同的材质，再加上其强大的灯光和渲染功能，可以使对象的质感更加逼真，因此 3ds Max 常被应用于工业产品效果图的表现。汽车设计效果如图 6-6 所示。

（7）二维卡通动画

二维卡通动画的制作是一项非常烦琐的工作，分工极为细致，通常分为前期制作、中期制作和后期制作。其中，后期制作部分包括剪辑、特效、字幕、合成、试映等步骤，都离不开 3ds Max 的支持。二维卡通动画的制作效果如图 6-7 所示。

图 6-6　汽车设计效果

图 6-7　二维卡通动画的制作效果

（8）三维卡通动画

三维卡通动画制作的布景需要建立许多模型，如建筑模型、植物模型等，都需要利用 3ds Max 来进行制作。三维卡通动画制作效果如图 6-8 所示。

图 6-8　三维卡通动画的制作效果

（9）游戏制作

在游戏行业中，大多数游戏公司会选择使用 3ds Max 来制作角色模型、场景环境，这样可以最大程度减少模型的面数，增强游戏的流畅性。游戏制作效果如图 6-9 所示。

图 6-9　游戏制作效果

扫码看视频

6.2　Maya 建模

Maya 是美国 Autodesk 公司出品的世界顶级的三维动画软件，应用于专业的影视广告、角色动画、电影特技制作等。Maya 的功能完善、工作灵活、易学易用、制作效率高、渲染的真实感强，是电影级别的高端制作软件。

Maya 售价高昂，声名显赫，是制作者梦寐以求的制作工具。制作者掌握了 Maya 会极大地提高制作的效率和品质，调节出仿真的角色动画，渲染出电影一般的真实效果，向世界顶级动画师迈进。

Maya 集成了 Alias、Wavefront 等先进的动画及数字效果技术。它不仅包括一般的三维和视觉效果制作功能，还与最先进的建模、数字化布料模拟、毛发渲染、运动匹配技术相结合。Maya 可在 Windows NT 与 SGI IRIX 操作系统上运行，在目前市场上用来进行数字和三维制作的工具中，Maya 是首选的解决方案。

6.2.1　Maya 建模简介

Maya 是顶级的三维动画软件，国外绝大多数的视觉设计领域都在使用 Maya，国内的使用也越来越普及。由于 Maya 软件的功能更为强大，体系更为完善，国内很多三维动画制作人员都开始转向 Maya，而且很多公司也都开始将 Maya 作为其主要的创作工具。Maya 在影视方面的应用极其广泛，例如，《星球大战》系列、《指环王》系列、《蜘蛛侠》系列、《哈利·波特》系列、《木乃伊归来》《最终幻想》《精灵鼠小弟》《马达加斯加》《Sherk》以及《金刚》等，其他领域的应用更是不胜枚举。

目前 Maya 2019 已经正式发布，添加了许多新功能，包括新的缓存方式、新的工作流程、新的视图渲染器、曲线图编辑器过滤器等，添加了大量的示例和预设，大大提高了设计效率。Maya 2019 的新功能介绍如下：

1）Maya 2019 这个版本的更新重点是加入了新的工作流程和增强了 Maya 的运算性能，大大优化了 Maya 的运行速度，让用户更快、更高效地进行创作。

2）Maya 2019 Viewport 2.0 的视图渲染器经过了大量改进，大幅提高了视图的实时渲染性能，从加载场景的速度到选择对象，再到处理密集的模型面数。

3）Maya 2019 在加载模型方面采用新的缓存方式，如果模型有新的改动，那么 Maya 将只加载改动过的地方，以达到最快的加载速度。大大提高了透视图的渲染速度，消除了不断播放预览场景需要重新渲染面数的问题。

4）Maya 2019 提供了强大的工具，用于准确跟踪和监控 Maya 2019 所消耗的计算机资源。评估工具包和监察器中的新功能使用户能够准确地知道和了解造成卡顿和速度慢的原因。

5）对渲染设置的改进使用户能够更好地管理渲染层，方法是在渲染设置编辑器中着色并隔离渲染层，或者控制默认情况下每个层中是否包含灯光。此外，还有更多选项可用于导入和导出场景渲染设置和 AOV。

6）直接在 Maya 视图里用 Arnold（阿诺德）实时渲染，包括所有的视图选项，如调试着色、AOV 和区域渲染。

7）动画方面，Maya 2019 添加了新的曲线图编辑器过滤器，帮助用户比以前更快、更容易地细化动画曲线。

8）在内容浏览器中添加了大量的示例和预设，涵盖了从运动捕捉到运动图形再到角色的各种区域。

Autodesk Maya 集成开发环境的三维动画软件如图 6-10 所示。

图 6-10　Autodesk Maya 集成开发环境的三维动画软件

Maya 与 3ds Max 相比的区别如下：

1）Maya 是高端 3D 软件，3ds Max 是中端 3D 软件。3ds Max 易学易用，但在遇到一些高级要求时（如角色动画 / 运动学模拟）方面远不如 Maya 强大。3ds Max 的工作方向主要是面向建筑动画、建筑漫游及室内设计。

2）Maya 的用户界面比 3ds Max 更人性化，Maya 是 Alias 公司的产品，作为三维动画软件的后起之秀，深受业界的欢迎和喜爱。

3）Maya 软件主要应用于动画片制作、电影制作、电视栏目包装、电视广告、游戏动

画制作等。3ds Max 软件主要应用于动画片制作、游戏动画制作、建筑效果图、建筑动画等。Maya 的基础层次更高，3ds Max 则属于普及型三维软件。

4）Maya 的 CG 功能十分全面，包含建模、粒子系统、毛发生成、植物创建、衣料仿真等。当 3ds Max 用户匆忙地寻找第三方插件时，Maya 用户已经可以早早地工作了。从建模、动画到速度，Maya 都非常出色。Maya 主要是为了影视应用而研发的。

6.2.2　Maya 建模应用

Maya 强大的功能在 3D 动画界产生了巨大的影响，此外，还渗透到电影、广播电视、公司演示和游戏可视化等各个领域，并且成为三维动画软件中的佼佼者。《变形金刚》、《蜘蛛侠》《钢铁侠》和《生化危机》等很多影视大片中的特技镜头就是利用 Maya 完成的。Maya 三维动画软件创建逼真的角色动画、丰富的画笔以及接近完美的毛发、衣服效果，不仅使影视广告公司对其情有独钟，还吸引了许多喜爱三维动画制作者和有志于影视计算机特技的朋友。Maya 三维动画软件的具体应用如下：

（1）影视动画

使用 Maya 三维动画软件制作出来的影视作品有很强的立体感、写实能力较强，能够轻松地表现一些结构复杂的形体，并且能够产生惊人的逼真效果。Maya 影视动画设计效果如图 6-11 所示。

图 6-11　Maya 影视动画设计效果

（2）电视栏目

Maya 被广泛应用在电视栏目包装上，许多电视节目的片头是设计师使用 Maya 和后期编辑软件制作而成的。Maya 电视栏目包装设计效果如图 6-12 所示。

图 6-12　Maya 电视栏目包装设计效果

（3）游戏角色设计

由于 Maya 自身所具备的一些优势，它成为全球范围内应用极为广泛的游戏角色设计与制作软件。除制作游戏角色外，Maya 还被广泛地应用于制作一些游戏场景。Maya 游戏角色设计效果如图 6-13 所示。

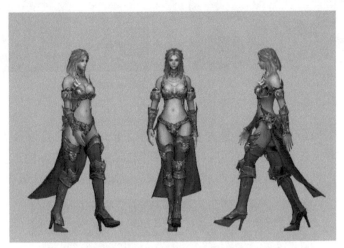

图 6-13　Maya 游戏角色设计效果

（4）广告动画设计

在商业竞争日益激烈的今天，广告已经成为一个热门的行业，而使用动画形式制作电视广告是目前最受厂商欢迎的商品促销手段之一。广告动画设计效果如图 6-14 所示。

图 6-14　广告动画设计效果

（5）室内与建筑设计

室内设计与建筑设计是目前使用 Maya 最广泛的行业之一。大多数学习 Maya 的人员的首要工作目标就是制作建筑效果。Maya 室内与建筑设计效果如图 6-15 所示。

图 6-15　Maya 室内与建筑设计效果

（6）机械设计

Maya 已经成为产品造型设计中最为有效的技术手段之一，它可以极大地拓展设计师的思维空间。在产品和工艺开发中，它可以在生产线建立之前模拟实际的工作情况来检测生产线的实际运行情况，以免因设计失误而造成巨大损失。Maya 机械设计效果如图 6-16 所示。

图 6-16　Maya 机械设计效果

（7）虚拟场景设计

虚拟场景设计是三维技术的主要发展方向。在虚拟现实发展的道路上，虚拟场景的构建是必经之路。通过使用 Maya 可将远古或未来的场景表现出来，从而进行更深层次的学术研究，并使这些场景所处的时代更容易被大众接受。Maya 虚拟场景设计效果如图 6-17 所示。

图 6-17　Maya 虚拟场景设计效果

6.3　Blender 建模

6.3.1　Blender 建模简介

Blender 是最全面、最系统且开源的跨平台全能三维动画虚拟仿真开发平台，提供建模设计、雕刻设计、材质纹理渲染设计、2D/3D 动画设计、VR/AR 设计、音频处理和视频剪辑等一系列动画短片设计与制作功能。

Blender 是免费的开源 3D 创作软件，支持整个 3D 创作流程，可用于概念设计、动画电影制作、视觉效果、艺术创作、3D 打印模型设计、交互式 3D 应用程序和视频游戏设计。

Blender 的功能包括 3D 绘画（Grease Pencil）、网格建模、雕刻、实时渲染、UV 贴图、纹理绘制、光栅图形编辑、绑定、粒子系统、物理模拟、渲染、光线追踪、烘焙、动画、运动追踪、视频编辑和后期合成等。

Blender 的功能特点如下：

1）建模：Blender 的建模工具集十分广泛，如 3D 网格建模、雕刻、拓扑、曲线曲面以及修改器等。

2）雕刻：功能强大灵活的数字雕刻工具，可在很多应用场景和造型中使用。

3）动画：动画和绑定是专为 Blender 动画而设计。

4）渲染：凭借 Cycles 光线追踪渲染器，创作令人惊叹的渲染效果。

5）蜡笔：Blender 突破性的融合故事板和 2D 内容设计于 3D 视图中。

6）VFX 特效：使用相机和物体运动跟踪算法、遮罩并合成到作品里。

7）视频编辑：视频编辑器提供了一系列基本功能但非常有用的工具。

8）模拟：Blender 具有 Bullet 和 MantaFlow 等行业标准的库，提供强大的物理仿真模拟工具。

9）工作流：Blender 集成了多个工作流工具，可用于多种生产流程。高质量的 3D 架构，带来了快速且高效的工作流。

10）脚本：Python 工具可用于编写脚本，通过 Python API 脚本来自定义界面。

11）界面：由于其自定义架构，Blender 的 UI、窗口布局和快捷键都可以完全自定义。

12）跨平台：使用了 OpenGL 的 GUI 可以在所有主流平台上都表现出一致的显示效果，在 Linux、Windows 和苹果操作系统的计算机上运行良好。

13）灵活机动：体积小巧，便于分发。

14）作为 GNU 通用公共许可证（GPL）下的社区驱动项目，公众有权对代码库进行更改，从而导致新功能响应式错误修复和更好的可用性。

Blender 为数字媒体工作者、3D 模型设计师、游戏设计师和 VR/AR 虚拟增强现实开发者提供开发平台，Blender 仿真游戏引擎集建模、雕刻、绑定、粒子、动力学、物理仿真、动画、交互、材质、灯光渲染、音频处理、视频剪辑、VR/AR 设计、运动跟踪以及后期合成等于一体，并以 Python 为内建脚本，支持 yafaray 渲染器，商业创作永久免费。Blender 虚拟仿真开发平台常用功能架构如图 6-18 所示。

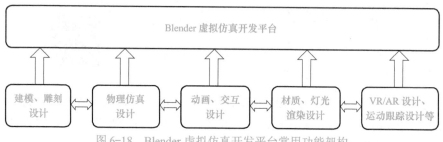

图 6-18　Blender 虚拟仿真开发平台常用功能架构

6.3.2　Blender 几何建模技术

扫码看视频

扫码看视频

扫码看视频

1. Blender 游戏引擎界面概述

首先启动 Blender 游戏引擎，软件显示欢迎画面。关闭欢迎画面，只需要按 <Esc> 键或者单击 Blender 窗口内除了"欢迎画面"的任何位置，Blender 用户界面在所有的操作系统上都是一样的。通过定制屏幕布局，可以让它适应不同的工作应用范围，这些定制屏幕布局可以重命名后保存，方便今后工作中使用。Blender 游戏引擎用户界面特征包括支持多窗口操作，不重叠，可以清楚地显示所有的选项和工具，而不用四处拖动窗口；工具和界面选项不会被遮挡，界面中的各种工具可以直接找到；用户输入应尽可能保持一致和可预测性。

Blender 游戏引擎界面由多个编辑器组成，包括标头、3D 视图编辑器、场景大纲（视图）、场景属性编辑器、动画时间线等功能模块。Blender 游戏引擎界面主要功能模块划分如图 6-19 所示。

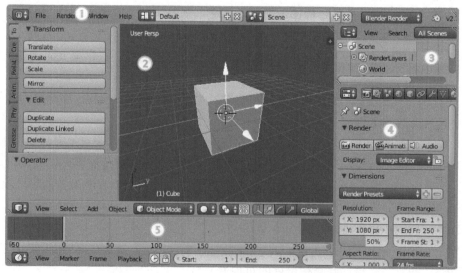

图 6-19　Blender 游戏引擎界面主要功能模块划分

在图 6-19 中 Blender 游戏引擎界面（以下简称为引擎界面）的主要功能模块具体介绍如下：

① 标头，位于引擎界面的顶部的信息栏。

② 3D 视图编辑器，在引擎界面的中间部分，可以对 3D 模型进行雕刻、移动、旋转以

及缩放等功能设计。

③ 场景大纲（视图），在引擎界面的右上方，是一颗场景树，包含根场景、子场景以及节点等，包含有层次视图、场景搜索等功能。

④ 场景属性编辑器，在引擎界面的右下角，对场景中的各种属性进行设置。

⑤ 动画时间线，在引擎界面的底部，通过视图、标记、帧以及回放等功能进行动画设计。

2. Blender 游戏引擎物体定位

Blender 游戏引擎物体坐标定位、旋转以及缩放等功能可单击图标  进行设置，按快捷键 <Ctrl+ 空格 > 进行切换。其中图标 分别代表在 3D 视图编辑器中物体的移动、旋转以及缩放功能。3D 视图编辑器"坐标变换"菜单功能选择如图 6-20 所示。

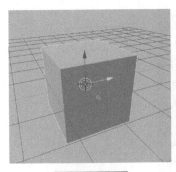 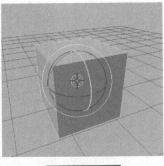 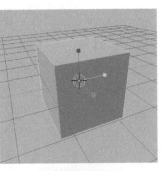

图 6-20　3D 视图编辑器"坐标变换"菜单功能选择

物体移动，单击 功能按钮可以移动 3D 物体到空间的任何位置。

物体旋转，单击 功能按钮在三个坐标轴上进行 360° 任意旋转，也可以在其中任意一个轴向上旋转任意角度。

扫码看视频

物体缩放，单击 功能按钮在任意一个 x 轴、y 轴、z 轴方向进行缩放，还可以在三个坐标轴上同时进行缩放。

网格物体基本编辑功能，包括模型的坐标、旋转以及缩放等功能的设置。在编辑模式中，选择网格工具菜单，选择"网格"→"变换"→"移动 / 旋转 / 缩放"命令进行基本功能设定。快捷键 <G> 为移动、<R> 为旋转、<S> 为缩放功能，可以选择一个或多个元素在三维空间中进行移动、旋转和缩放。

"移动"功能：在工具架调板上显示移动矢量（x、y、z）、约束轴（x、y、z）、参照坐标系、比例化编辑、比例化编辑的衰减方式、比例化编辑区大小等功能设置。在三维空间中，按快捷键 <G> 可以随意移动物体到任何位置，还可以按组合键 <G+X> 沿着 x 轴向移动，<G+Y> 沿着 y 轴向移动，<G+Z> 沿着 z 轴向移动。

"旋转"功能：在工具架调板上显示旋转角度、约束轴（x、y、z）、参照坐标系、比例化编辑、比例化编辑的衰减方式等功能设置。按快捷键 <R> 可以随意旋转物体到任何角度（0°～360°）。

"缩放"功能：在工具架调板上显示缩放移动矢量（x、y、z）、约束轴（x、y、z）、参照坐标系、比例化编辑等功能设置。按快捷键 <S> 可以随意缩放物体的大小。

3．Blender 游戏引擎几何建模

扫码看视频

Blender 提供了十分丰富的基本物体造型，有基本的几何物体和网格物体。基本的几何物体包括球体、立方体、圆锥体、圆柱体等，网格物体包含平面、圆环、棱角球、环体、栅格、猴头等。

在工具架中，选择"创建"→"添加网格"命令，添加基本物体造型。也可以在 3D 视图标题栏 2 中选择"添加"→"网格"命令，找到所有基本物体的分类添加菜单。还可以使用快捷键 <Shift+A>，弹出添加物体的快捷菜单。单击鼠标右键可选取每个物体造型，按快捷键 <N> 对每个物体造型进行参数设置。Blender 提供了十分丰富的基本物体造型，如图 6-21 所示。

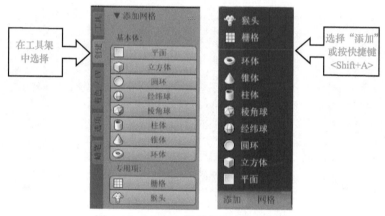

图 6-21　Blender 提供的基本物体造型

利用工具架或者选择"添加"→"网格"命令创建立方体、球体、圆柱体、圆锥体等，参数设置如下：

1）立方体参数：位移（$x=0$、$y=-6$、$z=0$），旋转（$x=0°$、$y=0°$、$z=0°$），缩放比例（$x=1$、$y=1$、$z=1$），尺寸大小（$x=2$、$y=2$、$z=2$）。

2）球体参数：位移（$x=0$、$y=-3$、$z=0$），其他参数相同。

3）圆柱体参数：位移（$x=0$、$y=1$、$z=0$），其他参数相同。

4）圆锥体参数：位移（$x=0$、$y=5$、$z=0$），其他参数相同。

Blender 绘制的基本几何物体造型如图 6-22 所示。

Blender 网格物体包含平面、圆环、棱角球、圆环体、栅格以及猴头等，参数设置如下：

1）平面参数：位移（$x=0$、$y=-6$、$z=0$），旋转（$x=0°$、$y=90°$、$z=0°$），缩放比例（$x=1$、$y=1$、$z=1$），尺寸大小（$x=2$、$y=2$、$z=0$）。

2）圆环参数：位移（$x=0$、$y=-3$、$z=0$），旋转（$x=0°$、$y=90°$、$z=0°$），缩放比例（$x=1$、$y=1$、$z=1$），尺寸大小（$x=2$、$y=2$、$z=0$）。

3）棱角球参数：位移（$x=0$、$y=0.25$、$z=0$），旋转（$x=0°$、$y=0°$、$z=0°$），缩放比例（$x=1$、$y=1$、$z=1$），尺寸大小（$x=2$、$y=2$、$z=2$）。

4）圆环体参数：位移（$x=0$、$y=5$、$z=0$），旋转（$x=0°$、$y=90°$、$z=0°$），缩放比例（$x=1$、$y=1$、$z=1$），尺寸大小（$x=2.5$、$y=2.5$、$z=0.5$）。

5）栅格参数：位移（$x=2$、$y=-3$、$z=-2.5$），旋转（$x=0°$、$y=90°$、$z=0°$），缩放比例（$x=1$、$y=1$、$z=1$），尺寸大小（$x=2$、$y=2$、$z=0$）。栅格为 $10×10$ 的平面，按 <Tab> 键，进入编辑模式，即可以看到平面与栅格物体的区别。

6）猴头参数：位移（$x=4$、$y=1$、$z=0$），旋转（$x=0°$、$y=0°$、$z=85°$），缩放比例（$x=1$、$y=1$、$z=1$），尺寸大小（$x=2.734$、$y=1.703$、$z=1.969$）。

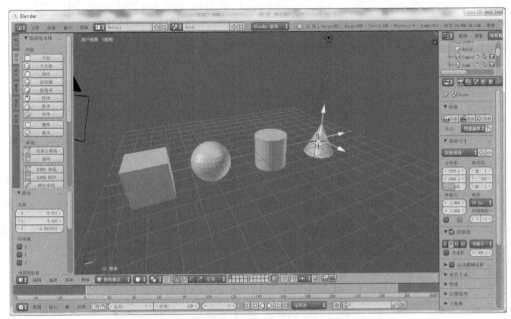

图 6-22　Blender 绘制的基本几何物体造型

Blender 绘制的基本网格物体造型如图 6-23 所示。

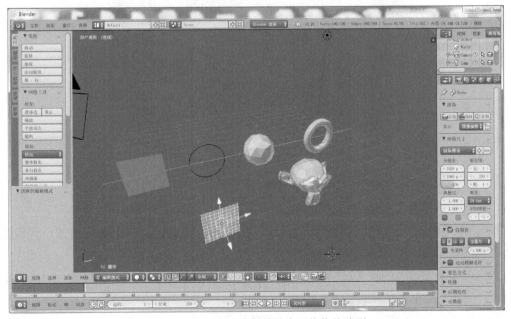

图 6-23　Blender 绘制的基本网格物体造型

6.3.3 Blender 网格建模技术

扫码看视频　　扫码看视频　　扫码看视频

Blender 网格建模技术主要是利用顶点、边和面进行网格设计。可以使用两种模式对几何或网格物体对象进行设计工作，一种是对象模式，另一种是编辑模式。在对象模式中是对物体对象进行各种操作来影响整个对象。在编辑模式中对物体对象的操作只影响一个被选中对象的几何形状，不影响全局属性，如位置、旋转以及缩放等。按快捷键 <Tab> 可进行物体模式与编辑模式的切换，在对象模式和编辑模式下，按快捷键 <Z> 可进行物体和框线之间的切换。

在编辑模式下，打开网格工具面板，选择"工具架"→"工具"→"网格工具"命令，网格工具中包括形变、添加、移除等功能。当进入编辑模式时，几个网格工具可以使用。按快捷键 <W> 显示网格专项菜单，按快捷键 <Ctrl+E> 显示网格边菜单，按快捷键 <Ctrl+F> 显示网格面菜单选项。

网格物体构成包含 3 个基本结构要素：点、线、面。网格物体最基本的部分是顶点，在三维空间中的一个、两个或多个相互关联的顶点之间的线被称为一个边缘线，与 3 个或更多边缘线连接构成一个平面，形成该模型的面的几何形状被称为拓扑结构。其中点是指网格物体的顶点，线表示网格物体的边线，面是指由点、线构成的三角面或四边形面。网格物体中的点、线、面结构如图 6-24 所示。

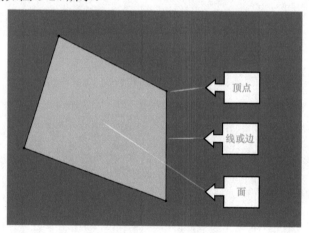

图 6-24　网格物体中的点、线、面结构

1．Blender 游戏引擎网格点、线、面建模

（1）网格物体"点"的绘制过程

1）启动 Blender 游戏引擎集成开发环境，按 <Tab> 键切换至网格编辑模式，然后删除默认物体（按 <Delete> 键删除默认物体）。

2）在 3D 视图窗口中，按住 <Ctrl> 键单击创建一个新的顶点 A。再创建一个顶点 B。在 AB 之间添加一个新的线段。

3）按 <Tab> 键返回网格物体状态，形成的线段 AB 如图 6-25 所示。

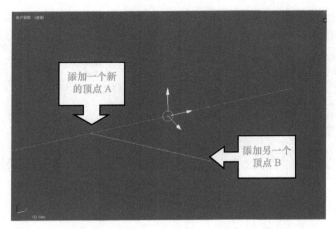

图 6-25　添加并创建两个顶点 A 和 B 形成线段

（2）网格物体"边线"绘制过程

1）启动 Blender 游戏引擎集成开发环境，按 <Tab> 键切换至网格编辑模式，然后删除默认物体（按 <Delete> 键删除默认物体）。

2）在 3D 视图窗口中，按住 <Ctrl> 键单击创建一个新的顶点 A，再创建一个顶点 B 和 C。在 A、B 和 C 之间形成三条线段。

3）创建另一个新的顶点 D，实现 A 到 D 线段的连接，以及 D 到 B 和 D 到 C 的线段连接，形成一个四面体框线。

4）按 <Tab> 键返回网格物体模式。四面体框线设计效果如图 6-26 所示。

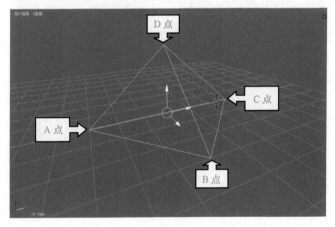

图 6-26　四面体框线设计效果

（3）网格物体"面"绘制过程

1）启动 Blender 游戏引擎集成开发环境，按 <Tab> 键切换至网格编辑模式，然后删除默认物体（按 <Delete> 键删除默认物体）。

2）在 3D 视图窗口中，在网格编辑模式下，按住 <Ctrl> 键或 <Ctrl+Shift> 键单击创建一个新的网格三角面物体造型。

3）按快捷键 <A> 选中三角形线框造型，按快捷键 <F> 填充三角面，创建网格面物体造型，如图 6-27 所示。

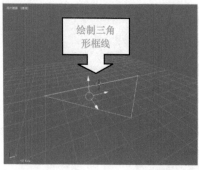 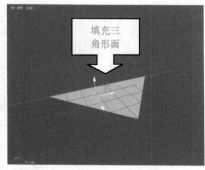

图 6-27　创建一个网格物体三角形面

（4）利用网格物体"面"创建 3D 模型设计过程

1）启动 Blender 游戏引擎集成开发环境，按 <Tab> 键切换至网格编辑模式，然后删除默认物体（按 <Delete> 键删除默认物体）。

2）在标题栏 2 中，选择"添加"→"网格"→"圆环"命令。

3）在 3D 视图窗口中，按住 <Ctrl> 键单击创建一个新的网格物体造型。

4）在三维空间中，随着路径的不同创建出 3D 网格物体造型。

5）按 <Tab> 键返回网格物体模式（提示：在复制或挤出到 3D 游标状态下），利用圆环创建的 3D 网格物体造型如图 6-28 所示。

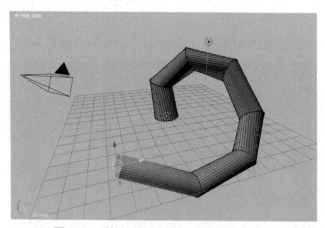

图 6-28　利用圆环创建的 3D 网格物体造型

2．Blender 游戏引擎选择

有很多方法可以选择网格 3D 物体，选择工具也有多种形式，可采用菜单选择或快捷键方式等。在编辑模式下，选择"3D 视图菜单"→"网格选择模式"，选择网格物体的顶点、边、面等功能；或按快捷键 <Ctrl+Tab> 来选择网格物体的顶点、边、面，如图 6-29 所示。

图 6-29　选择网格物体的两种方式

多个模式的选择：在编辑模式下，可以快速选择"顶点、边、面"，而不需要切换模式，按住 <Shift> 键右击鼠标选择网格物体中的"顶点、边、面"，可以再一次选择。具体步骤如下：

1）启动 Blender 游戏引擎集成开发环境，按 <Tab> 键切换至网格编辑模式。

2）按快捷键 <Z> 将实体模型转换为框线模型。

3）分别在网格选择模式下选择"顶点、边、面"功能。

4）分别在"顶点、边、面"功能模式下，按住 <Shift> 键右击鼠标进行多个模式的选择，如图 6-30 所示。

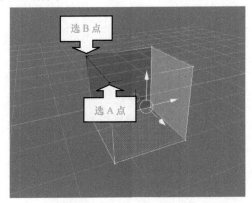
顶点模式下，选择两个点 A、B

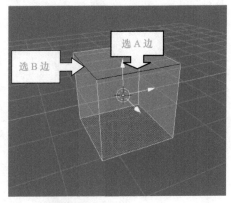
边模式下，选择两个边 A、B

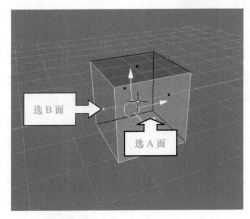
面模式下，选择两个面 A、B

图 6-30　快速选择"顶点、边、面"设计效果

在网格物体编辑模式下，选择工具包含框选、刷选、全选、反选、随机、间隔式选弃、锐边、相连的平展面、松散几何元素、内侧面、按侧选面、镜像等功能选项。部分选择工具介绍如下：

（1）框选择

框选也称为矩形区域边界选择，是在任何编辑模式或对象模式中使用快捷键 <B> 激活工具。利用框选绘制一个矩形时，按住鼠标左键选择一组对象，这时将选择在这个矩形内的所有对象，并通过显示一个虚线的十字光标表示。区域的选择是通过鼠标绘制一个矩形的选择区域边框，仅覆盖要选择的物体造型部分，最后松开鼠标完成选择，具体步骤如下：

1）启动 Blender 游戏引擎集成开发环境，按快捷键 <X> 删除默认物体模型。

2）选择"工具架"→"创建"→"经纬球体"命令，创建一个经纬球体造型。

3）按 <Tab> 键切换至网格编辑模式，按快捷键 <A> 取消系统默认选择。

4）按快捷键 <B> 进入矩形区域边界选择功能，按住鼠标左键拖拽十字线，将要选择的区域选中，对经纬球体进行矩形区域边界选择，如图 6-31 所示。

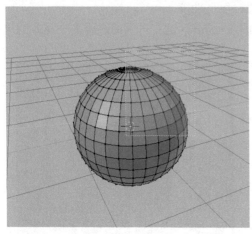
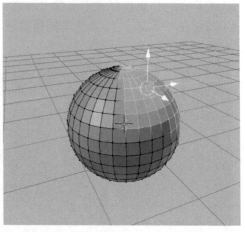

图 6-31　对经纬球体进行矩形区域边界选择

（2）刷选择

刷选择也称为网格物体圆形区域选择，此选择工具只在编辑模式下使用，按快捷键 <C> 可以激活该功能。在这种模式下，会出现一个由虚线构成的二维圆形的光标。圆形光标圈的大小，可以通过按 <+> 或 <-> 键来放大或缩小。利用该圆形区域选择工具可将工作区域中的 3D 物体选择，单击或拖动鼠标选取相应的区域使圈内这些元素被选中。退出该功能选项工具可单击鼠标右键或按 <Esc> 键。具体步骤如下：

1）启动 Blender 游戏引擎集成开发环境。

2）选择"工具架"→"创建"→"圆锥体"命令，创建一个圆锥体造型。

3）按 <Tab> 键切换至网格编辑模式，按快捷键 <A> 取消系统默认选择。

4）按快捷键 <C> 进入圆形区域边界选择功能，按住鼠标左键拖拽，将要选择的区域选中，如图 6-32 所示。

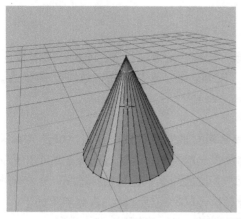
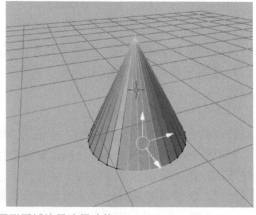

图 6-32　网格物体圆形区域边界选择功能

（3）套索选择

网格物体套索区域选择类似于选择基于域对象的选择边框，套索是一个手工绘制网格物体的区域，通常呈圆形。套索可以在编辑模式和物体模式中使用，激活工具快捷方式，按住 <Ctrl> 键及鼠标左键拖拽。具体步骤如下：

1）启动 Blender 游戏引擎集成开发环境。

2）选择"工具架"→"创建"→"菱形球体"命令，创建一个菱形球体造型。

3）按 <Tab> 键切换至网格编辑模式，按快捷键 <A> 取消系统默认选择。

4）按快捷键 <Ctrl> 并单击进入套索区域边界选择功能。按住 <Ctrl> 键及鼠标左键拖拽，将要选择的区域选中，对经菱形球体造型进行套索区域边界选择，如图 6-33 所示。

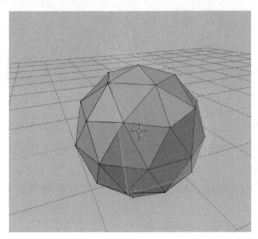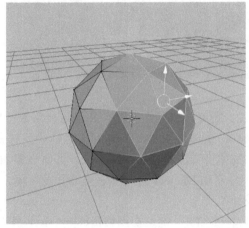

图 6-33　网格物体套索区域边界选择

3．Blender 游戏引擎顶点工具菜单

网格物体顶点工具菜单包含合并、断离、补隙断离、扩展顶点、分割、分离、滑动、倒角、凸壳、平滑顶点、移除重叠点、从形变混合、顶点组以及挂钩等功能菜单。这些工具主要工作在顶点选择和设计上，也可以使用在边缘或面的选择与设计中。网格物体顶点工具菜单如图 6-34 所示。

主要功能介绍如下：

1）合并顶点：在编辑模式中，选择"网格"→"顶点"→"合并"命令，也可按快捷键 <Alt+M>。这个工具允许将所有选定的顶点合并到一个唯一点上，在模型上选择要合并顶点的位置，利用该工具执行合并顶点功能。具体步骤如下：

① 启动 Blender 游戏引擎集成开发环境。在物体模式中，按 <X> 键删除默认物体。

② 在物体模式中，创建一个棱角球，选择"添加"→"网格"→"棱角球"命令。

图 6-34　网格物体顶点工具菜单

③ 按 <Tab> 键切换到编辑模式中，再按快捷键 <A> 取消全选。

④ 在编辑模式中，选择要合并的顶点。按住快捷键 <Ctrl> 并单击，利用套索区域选择

对要合并的顶点进行选择。

⑤ 选择"网格"→"顶点"→"合并"命令或按快捷键 <Alt+M>，进行网格物体顶点合并。网格物体合并顶点前、后的效果如图 6-35 所示。

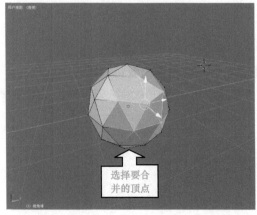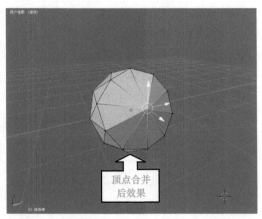

图 6-35　网格物体合并顶点前、后的效果

2）断离：也称为剥离，是将点从所处位置的相邻两个边之间分离开来。适用于点和线的操作，快捷键为 <V>。在网格物体中，选择一个点，对其进行剥离操作并向左移动，原来的物体接口位置会被剥离开来。具体步骤如下：

① 启动 Blender 游戏引擎集成开发环境。在物体模式中，对默认的立方网格物体进行剥离设计。

② 按 <Tab> 键切换到编辑模式中，再按快捷键 <A> 取消全选。

③ 在编辑模式中，利用套索区域选择立方体中一个顶点。

④ 选择"网格"→"顶点"→"断离 / 剥离"命令或按快捷键 <V>，单击鼠标右键进行网格物体顶点剥离，单击对顶点剥离定位。网格物体顶点剥离前、后的效果如图 6-36 所示。

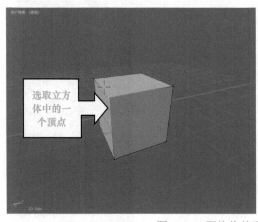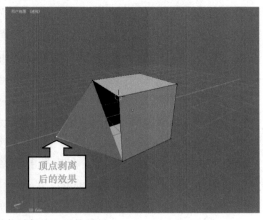

图 6-36　网格物体顶点剥离前、后的效果

3）分割：是将点从所在位置分离出来，效果与剥离类似，但只用于分割面。选择"网格"→"顶点"→"分割"命令或快捷键 <Y>。具体步骤如下：

① 启动 Blender 游戏引擎集成开发环境。在物体模式中，对默认的立方网格物体进行分割设计。

② 按 <Tab> 键切换到编辑模式中，再按快捷键 <A> 取消全选。

③ 在编辑模式中，利用矩形区域边界选择立方体中的一个面，按快捷键 <B> 并按住 <Ctrl> 键单击拖动选取。

④ 选择"网格"→"顶点"→"分割"或快捷键 <Y>，单击鼠标右键对所选面进行分割处理，单击对分割面进行定位。网格物体顶点分割前、后的效果如图 6-37 所示。

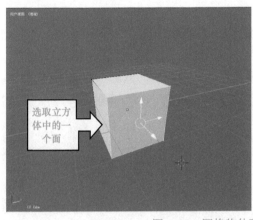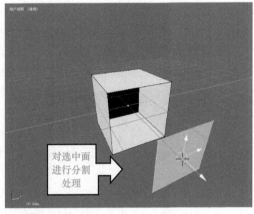

图 6-37　网格物体顶点分割前、后的效果

4）连接顶点路径：在编辑模式中，选择"网格"→"顶点"→"连接顶点路径"命令或按快捷键 <J> 使用该工具连接网格物体上的点，可以选取一个孤立点接着再选取一个孤立点进行连接。没有连接到任何面的顶点将创建边缘，可以被用来作为一种快速连接孤立的顶点的方法。具体步骤如下：

① 启动 Blender 游戏引擎集成开发环境。

② 按快捷键 <Tab> 进入编辑模式。按 <X> 键删除默认物体。

③ 在物体模式中，创建一个经纬球，选择"添加"→"网格"→"经纬球"命令。

④ 按 <Tab> 键切换到编辑模式中，按快捷键 <A> 取消全选。

⑤ 在编辑模式中，选择要连接的顶点路径。按住 <Ctrl> 或 <Shift> 键单击利用套索区域选择两个顶点 A 和 B。

⑥ 选择"网格"→"顶点"→"连接顶点路径"命令或按快捷键 <J>，进行网格物体顶点路径连接处理。网格物体连接顶点路径的效果如图 6-38 所示。

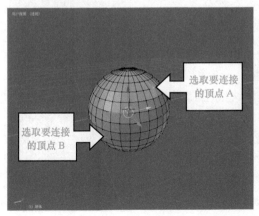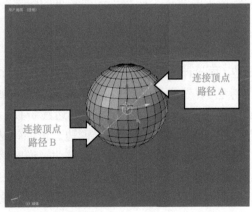

图 6-38　网格物体连接顶点路径的效果

5）滑动：表示在网格物体中沿网格滑动顶点，顶点被平滑移动的功能。快捷键为 <Shift+V>，或选择专用项按快捷键 <W> 完成各项功能设计。

6）倒角：是指为网格物体边缘线进行倒角设计，选择"网格"→"顶点"→"倒角"命令或按快捷键 <Shift+Ctrl+B>。具体步骤如下：

① 启动 Blender 游戏引擎集成开发环境。在物体模式中，对默认的立方网格物体进行倒角设计。

② 按 <Tab> 键切换到编辑模式中，按快捷键 <A> 取消全选。

③ 在编辑模式中，选择"网格"→"顶点"→"倒角"命令，按住鼠标左右移动，这时会显示网格物体的边线被倒角处理。网格物体顶点倒角前、后的效果，如图 6-39 所示。

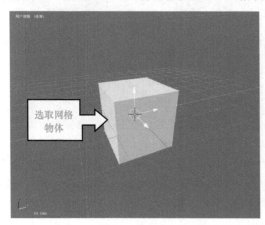
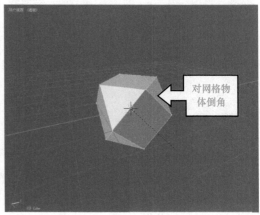

图 6-39　网格物体顶点倒角前、后的效果

7）凸壳：表示将选种的点包含到凸面体中。

8）平滑：顶点表示展开所选顶点的夹角。

9）移除重叠点：是指移除重叠的顶点，表示移除重合点的操作。

10）形变传导：表示将所选点的坐标应用到其他所有形态键。

11）顶点组：表示指定到新组。快捷键为 <Ctrl+G>。

12）挂钩：和顶点组类似，将一部分点集合起来设置为钩，快捷键为 <Ctrl+H>。挂钩的二级菜单包含挂钩到一个新物体、挂钩到选中的物体、挂钩到选中物体的骨架等三个部分。

4. Blender 游戏引擎边线工具菜单

利用网格物体边线工具菜单功能将创建一个边或一些面，使用边 / 面设计 3D 模型。选择"网格"→"边"→"边 / 面"命令创建 3D 造型，或按快捷键 <F>。网格物体边线工具菜单包含创建边 / 面、细分、反细分、边线折痕、倒角边权重、标记缝合边、清除缝合边、标记锐边、清除锐边、标记 Freestyle 边、清除 Freestyle 边、顺时针旋转边、逆时针旋转边、倒角、拆边、桥接多组循环边、滑动边线、循环边、并排边、选择循环线内侧区域以及选择区域轮廓线等。网格物体边线工具菜单如图 6-40 所示。

图 6-40　网格物体边线工具菜单

网格物体边线工具菜单的主要功能如下：

1）创建边/面：根据所选对象创建一条边或一个面，快捷键为 <F>。在基本网格物体上创建新的网格几何物体。具体步骤如下：

①启动 Blender 游戏引擎集成开发环境。在物体模式中，按 <X> 键删除默认物体。

②在物体模式中，创建一个棱角球，选择"添加"→"网格"→"棱角球"命令。

③按 <Tab> 键切换到编辑模式中，按快捷键 <A> 取消全选。

④在编辑模式中，按住 <Ctrl> 键单击，利用套索区域选择相应的边/面进行设计。

⑤选择"网格"→"边"→"边/面"或按快捷键 <F> 进行网格物体边/面设计，如图 6-41 所示。

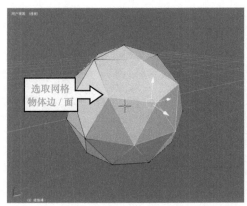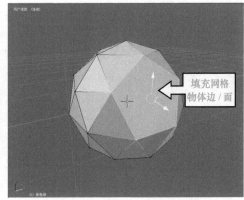

图 6-41　网格物体边/面设计

2）细分：表示细分所选边线，当选择一条线或者面时，执行细分功能操作，每一个线段都会被一分为二。如果这个边刚好处于某个多边形中，被细分出来的连接点会自动与相邻的点缝合成多边形。具体步骤如下：

①启动 Blender 游戏引擎集成开发环境。在物体模式中，对默认的立方网格物体进行细分设计。

②按 <Tab> 键切换到编辑模式中，按快捷键 <A> 取消全选。

③在编辑模式中，选择"网格"→"边"→"细分"命令，细分网格物体边线如图 6-42 所示。

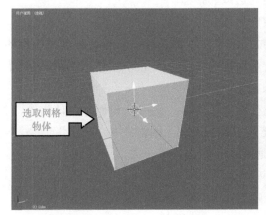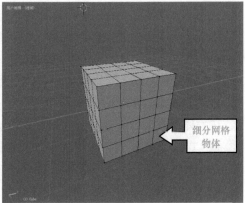

图 6-42　细分网格物体边线

3）反细分：反细分所选的边线和面。如果想取消网格物体细分功能，则选取反细分功能。

4）边线折痕：是指用于制作硬边效果，设置为褶皱边，快捷键为 <Shift+E>。具体步骤如下：

① 启动 Blender 游戏引擎集成开发环境。在物体模式中，对默认的立方网格物体进行边线折痕设计。

② 按 <Tab> 键切换到编辑模式中，按快捷键 <A> 取消全选。

③ 在编辑模式中选择"网格"→"边"→"细分"命令，进行细分设计。

④ 选择"网格"→"边"→"边线折痕"命令，进行网格物体边线折痕设计如图 6-43 所示。

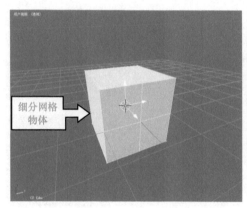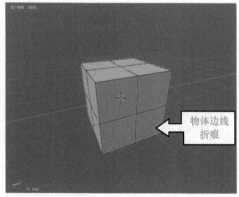

图 6-43 网格物体边线折痕设计

5）倒角边权重：是指设置或改变倒角边权重。

6）标记缝合边：表示将所选边标记为缝合边。

7）清除缝合边：表示将所选边取消标记为缝合边。

8）标记锐边：表示将所选边标记为锐边。

9）清除锐边：表示将所选边取消标记为锐边。

10）标记 Freestyle 边：表示将所选边标记为 Freestyle 特征边。

11）清除 Freestyle 边：表示将所选边取消标记为 Freestyle 特征边。

12）顺时针旋转边：是指顺时针旋转选定的边或邻接面。

13）逆时针旋转边：是指逆时针旋转选定的边或邻接面。

利用顺时针旋转边和逆时针旋转边功能对网格平面物体进行设计。这是非常有用的一个网格拓扑结构调整工具，该工具可以选择一个明确的边缘，或在两个选定的顶点或两个选定的面隐式地共享它们之间的边缘。具体步骤如下：

① 启动 Blender 游戏引擎集成开发环境。在物体模式中，按 <X> 键删除默认物体。

② 在物体模式中，创建一个栅格平面，选择"添加"→"网格"→"栅格"命令。

③ 按 <Tab> 键切换到编辑模式中，按快捷键 <A> 取消全选。

④ 在编辑模式中，利用套索区域选择相应的边。

⑤ 选择"网格"→"边"→"逆时针 / 顺时针旋转"命令，旋转网格物体边线，如图 6-44 所示。

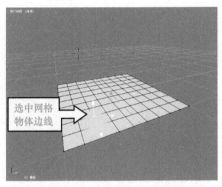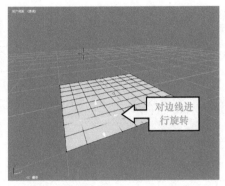

图 6-44　旋转网格物体边线

14）倒角：表示对网格物体的边线倒角，快捷键为 <Ctrl+B>。以网格几何物体（即立方体）造型为例进行倒角设计，具体步骤如下：

① 启动 Blender 游戏引擎集成开发环境。在物体模式中，对默认的立方网格物体进行倒角设计。

② 按 <Tab> 键切换到编辑模式中，按快捷键 <A> 取消全选。

③ 在编辑模式中，选择"网格"→"边"→"倒角"命令或按快捷键 <Ctrl+B>。

④ 按住鼠标左右移动，这时会显示网格物体的边线被倒角处理。网格物体边线倒角如图 6-45 所示。

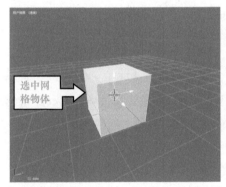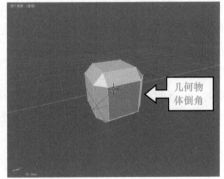

图 6-45　网格物体边线倒角

15）拆边：表示分离选中的边，以便让各相邻的面获得各自的副本。

16）桥接多组循环边：表示桥接边缘与多个面连接的多个边缘环。利用圆环物体和桥接多组循环边设计 3D 模型，具体步骤如下：

① 启动 Blender 游戏引擎集成开发环境。在物体模式中，按 <X> 键删除默认物体。

② 在物体模式中，创建一个大圆环，选择"添加"→"网格"→"圆环"命令，圆环半径设置为 1.0。

③ 按 <Tab> 键切换到编辑模式中，按快捷键 <A> 取消全选。

④ 在编辑模式中再创建一个小圆环，设置圆环半径为 0.5，位置调整到上方。

⑤ 在编辑模式中，选择"网格"→"边"→"桥接多组循环边"命令，创建新的 3D 造型设计。在网格物体边线工具菜单中桥接多组循环边如图 6-46 所示。

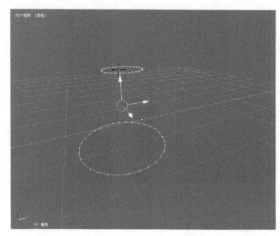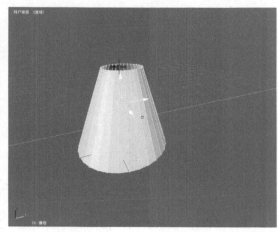

图 6-46 桥接多组循环边

使用桥接多组循环边工具在面上创建空洞并连接它们。利用网格几何物体经纬球实现 3D 模型的创建工作，具体步骤如下：

① 启动 Blender 游戏引擎集成开发环境。

② 按快捷键 <Tab> 进入编辑模式。按 <X> 键删除默认物体。

③ 在物体模式中创建一个经纬球，选择"添加"→"网格"→"经纬球"命令。

④ 按 <Tab> 键切换到编辑模式中，按快捷键 <A> 取消全选。

⑤ 在编辑模式中利用套索区域在经纬球的中心选择一个线段，选择"网格"→"边"→"循环边"命令。

⑥ 按快捷键 <Delete>，选择"删除顶点"，将经纬球分成两半。

⑦ 移动上、下两个半球并选中两个半球的极点区域。在编辑模式中，按 <G> 键移动半球。

⑧ 利用套索区域在球体的中部，选择一段顶点边线。选择"网格"→"边"→"循环边"命令。

⑨ 选择"网格"→"边"→"选择循环线内侧区域"命令。按 <Alt+M> 键或 <Delete> 键进行相应操作。在网格物体边线工具菜单中桥接创建空洞多组循环边如图 6-47 所示。

使用桥接多组循环边工具可以检测多个环并连接。利用圆环物体创建新的模型时，首先在物体模式中创建第一个环；然后切换到编辑模式中，分别增加其他剩余的环，在增加其他环时，要设置新增环的大小、位置以及旋转角度等。在编辑模式中，按快捷键 <G> 移动新建圆环并对其进行设置（在左下角的工具调板中设置）。

17）滑动边线：沿网格滑动已选择的循环边。针对栅格物体进行边线滑动设计，具体步骤如下：

① 启动 Blender 游戏引擎集成开发环境。在物体模式中，按 <X> 键删除默认物体。

② 在物体模式中，创建一个栅格平面，选择"添加"→"网格"→"栅格"命令。

③ 按 <Tab> 键切换到编辑模式中，按快捷键 <A> 取消全选。

④ 在编辑模式中，利用套索区域选择相应的边。

　　⑤ 选择"网格"→"边"→"滑动边线"命令，左右晃动鼠标，对网格物体边线进行滑动处理，如图 6-48 所示。

图 6-47　桥接创建空洞多组循环边

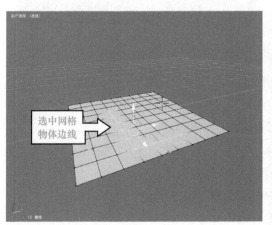 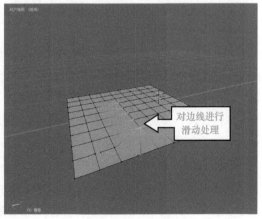

图 6-48　对网格物体边线进行滑动处理

18）循环边：选择一个顶点连接边线段，然后选择循环边线。

19）并排边：指定一个顶点连接边线段，选择并排边的边线。

20）选择循环线内侧区域：表示选择所选循环边包围的面的区域。

21）选择区域轮廓线：选择所选面积的边界线作为轮廓线。

利用循环边、选择循环线内侧区域，以网格物体经纬球为例设计一个循环边和循环线区域，具体步骤如下：

① 启动 Blender 游戏引擎集成开发环境。

② 按快捷键 <Tab> 进入编辑模式。按 <X> 键删除默认物体。

③ 在物体模式中，创建一个经纬球，选择"添加"→"网格"→"经纬球"命令。

④ 按 <Tab> 键切换到编辑模式中，按快捷键 <A> 取消全选。

⑤ 在编辑模式中，选择要连接顶点线段。利用套索区域在球体的上部选择一段顶点边线。选择"网格"→"边"→"循环边"命令。

⑥ 再次利用套索区域在球体的中部选择一段顶点边线。选择"网格"→"边"→"循环边"命令。

⑦ 选择"网格"→"边"→"选择循环线内侧区域"命令。按 <Alt+M> 键或 <Delete> 键进行相应操作。选择循环线内侧区域如图 6-49 所示。

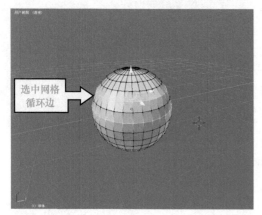 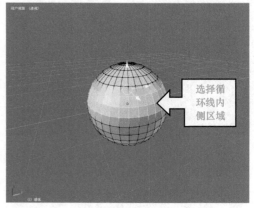

图 6-49　选择循环线内侧区域

利用选择区域轮廓线和并排边设计一个选择区域，具体步骤如下：

① 启动 Blender 游戏引擎集成开发环境。

② 按 <Tab> 键进入编辑模式。按 <X> 键删除默认物体。

③ 在物体模式中，创建一个经纬球，选择"添加"→"网格"→"经纬球"命令。

④ 按 <Tab> 键切换到编辑模式中，按快捷键 <A> 取消全选。

⑤ 在编辑模式中，利用套索区域在球体的中部选择一段区域。

⑥ 选择"网格"→"边"→"选择区域轮廓线"命令。

⑦ 选择"网格"→"边"→"并排边"命令。并排边如图 6-50 所示。

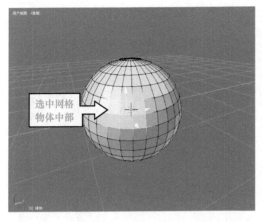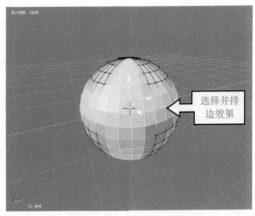

图 6-50 并排边

5. Blender 游戏引擎面工具菜单

利用网格物体面工具菜单功能将创建一个边缘或一些由面构成的 3D 模型，使用一个封闭的边缘线创建面，再由多个面构造三维模型。在编辑模式中，选择"网格"→"面"→"边 / 面"命令或按快捷键 <Ctrl+F>。面工具菜单包括翻转法线、创建边 / 面、填充、栅格填充、完美建面、内插面、倒角、生成厚度、交集、线框、标记 Freestyle 面、清除 Freestyle 面、尖分面、面三角化、三角面→四边面、Split by Edges、光滑着色、平直着色、顺时针旋转边、旋转 UV、移除 UV、旋转顶点颜色、反向颜色等。网格物体面工具菜单如图 6-51 所示。

网格物体面工具功能菜单的主要功能描述如下：

1）翻转法线：表示翻转所选面的法线方向以及顶点的法向方向。利用网格几何立方体造型设计实现翻转法线案例。

① 启动 Blender 游戏引擎集成开发环境。在物体模式中，对默认的立方网格物体进行法线翻转设计。

图 6-51 网格物体面工具菜单

② 按 <Tab> 键切换到编辑模式，按快捷键 <A> 取消全选。

③ 在编辑模式中，按快捷键 <N> 进行属性设置，选择"法线显示"→"点或面"。

④ 在编辑模式中，选择"网格"→"面"→"翻转法线"命令，再按快捷键 <Z>。网格物体面翻转法线如图 6-52 所示。

2）创建边 / 面：根据所选对象创建一条边或一个面，快捷键为 <F>。

在编辑模式中，利用折线段创建边和平面。从一个边到另一个边绘制出直线段，使用填充面工具，填充一个不规则平面。具体步骤如下：

① 启动 Blender 游戏引擎集成开发环境。

② 按快捷键 <Tab> 进入编辑模式。按 <X> 键删除默认物体。

③ 按数字键 <1> 进入前视图编辑状态，按住 <Ctrl> 键单击创建连续的折线段进行绘制。

④ 按快捷键 <A> 全选，再按快捷键 <F> 进行填充，完成整个折线段构建不规则平面设

计。网格物体面创建边 / 面如图 6-53 所示。

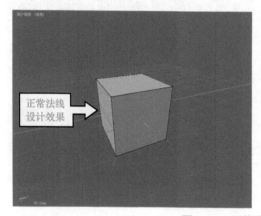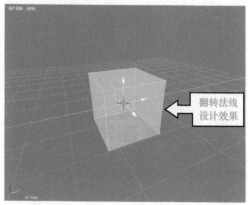

图 6-52　网格物体面翻转法线

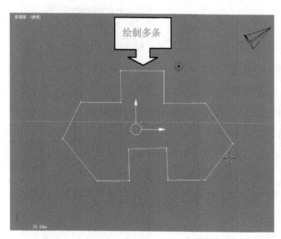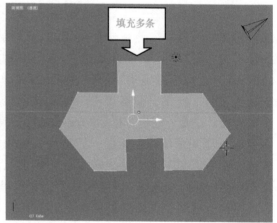

图 6-53　网格物体面创建边 / 面

利用网格几何物体立方体造型设计一个内插面，具体步骤如下：

① 启动 Blender 游戏引擎集成开发环境。在物体模式中，对默认的立方体网格物体进行内插面设计。

② 按 <Tab> 键切换到编辑模式中，按快捷键 <A> 取消全选。

③ 在编辑模式中，按快捷键 <B> 框选立方体的一个面，再按快捷键 <Z>。

④ 选择"网格"→"面"→"内插面"命令或快捷键 <I>，左右移动"鼠标"创建一个内插面。网格物体面添加内插面如图 6-54 所示。

3）倒角：表示网格物体造型的边线倒角，快捷键为 <Ctrl+B>。

4）生成厚度：通过挤压创建出实体外壳，为平面多边形自动添加厚度并补偿锐角。

利用网格几何体模型的一部分创建具有一定厚度的几何体造型，具体步骤如下：

① 启动 Blender 游戏引擎集成开发环境。在物体模式中，按 <X> 键删除默认物体。

② 在物体模式中，创建一个圆柱体，选择"添加"→"网格"→"圆柱体"命令。

③ 按 <Tab> 键切换到编辑模式中，按快捷键 <A> 取消全选。

④ 在编辑模式中按快捷键 <B>，利用框选区域选择相应的边 / 面进行设计。

⑤ 按快捷键 <Delete> 选择"删除顶点"功能，按 <A> 键选中剩余网格物体模型。

⑥ 选择"网格"→"面"→"生成厚度"命令，厚度参数设置为 0.1000 或 0.5000，进行网格物体面设计。网格物体面几何模型厚度设置如图 6-55 所示。

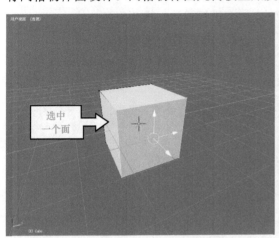
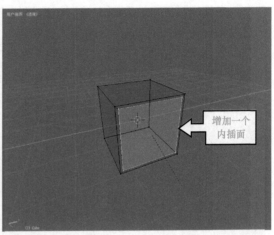

图 6-54 网格物体面添加内插面

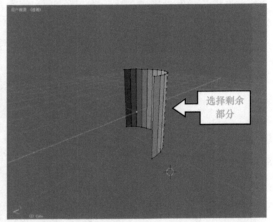

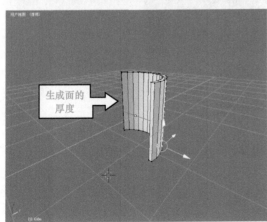
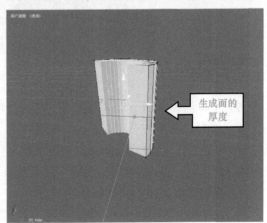

图 6-55 网格物体面几何模型厚度设置

利用边线和生成面的厚度设计复杂网格物体造型,具体步骤如下:

① 启动 Blender 游戏引擎集成开发环境。在物体模式中,按 <X> 键删除默认物体。

② 在物体模式中,创建一个棱角球,选择"添加"→"网格"→"棱角球"命令。

③ 按 <Tab> 键切换到编辑模式中,按快捷键 <A> 取消全选。

④ 在编辑模式中,利用套索区域选择相应的边/面进行设计,选择五条边线。

⑤ 按快捷键 <Shift+G>,选择"选择相似"→"连接边数量"命令。

⑥ 选择"网格"→"面"→"生成厚度"命令或按快捷键 <Ctrl+F>,厚度参数设置为
0.1000。网格物体面模型厚度设置如图 6-56 所示。

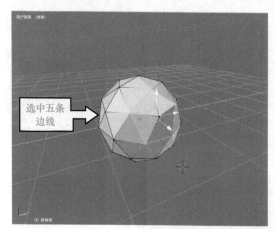
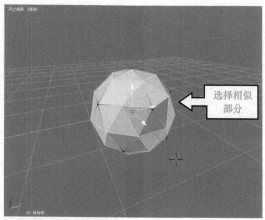
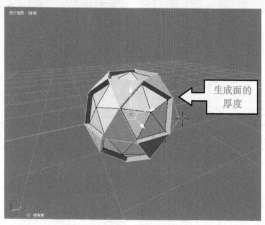

图 6-56　网格物体面模型厚度设置

5)交集:表示两个网格物体相交时的交集部分被选中或填充。

6)线框:表示基于面创建的实体框线。

7)尖分面:是指将面拆分为三角扇面,快捷键为 <Alt+P>,具体步骤如下:

① 启动 Blender 游戏引擎集成开发环境。

② 在物体模式中,默认物体为立方体。

③ 按 <Tab> 键切换到编辑模式中,按快捷键 <A> 取消全选。

④ 选择"网格"→"面"→"尖分面"命令。网格物体面模型尖分面效果如图 6-57 所示。

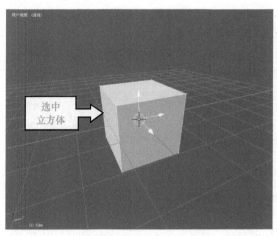
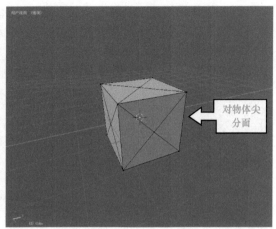

图 6-57　网格物体面模型尖分面效果

8）三角化：对选中的面执行三角化处理，快捷键为 <Ctrl+T>。将物体的四边形网格转换为三角形网格，具体步骤如下：

① 启动 Blender 游戏引擎集成开发环境。

② 在物体模式中，默认物体为立方体。

③ 按 <Tab> 键切换到编辑模式中，按快捷键 <A> 取消全选。

④ 选择"网格"→"边"→"细分"命令。

⑤ 选择"网格"→"面"→"三角化"命令将四边形分割成为三角形。网格物体面模型三角化效果如图 6-58 所示。

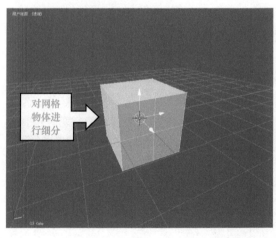
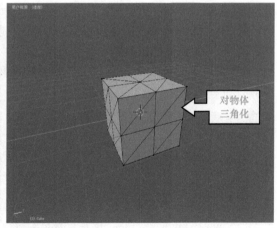

图 6-58　网格物体面模型三角化效果

9）三角面转四边面：表示将三角面合并为四边面，快捷键为 <Alt+J>。将物体的三角形网格转换为四边形网格。

10）光滑着色：平滑多边形表面，使物体显示为光滑表面。利用网格几何物体经纬球和面功能菜单中的光滑着色，设计一个光滑表面的网格几何球体，具体步骤如下：

① 启动 Blender 游戏引擎集成开发环境。

② 按 <Tab> 键进入编辑模式。按 <X> 键删除默认物体。

③ 在物体模式中，创建一个经纬球，选择"添加"→"网格"→"经纬球"命令。

④ 按 <Tab> 键切换到编辑模式中，按快捷键 <A> 取消全选。

⑤ 在编辑模式中，选择"网格"→"面"→"光滑着色"命令将网格几何球体转换为光滑网格几何球体。网格物体面模型光滑着色效果如图 6-59 所示。

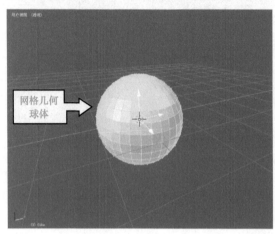
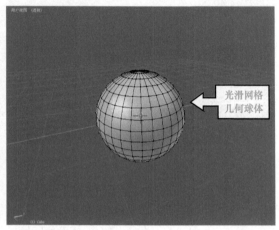

图 6-59　网格物体面模型光滑着色效果

11）平直着色：平坦多边形表面，使物体显示为网格多边形表面。

12）顺时针旋转边：表示旋转选定的边或邻接面。利用物体栅格模型和面功能菜单中的顺时针旋转边进行网格设计，具体步骤如下：

① 启动 Blender 游戏引擎集成开发环境。

② 在物体模式中，删除默认物体。

③ 选择"添加"→"网格"→"栅格"命令。

④ 按 <Tab> 键切换到编辑模式中，按快捷键 <A> 取消全选。

⑤ 利用套索区域选择两个平面区域。

⑥ 选择"网格"→"面"→"顺时针旋转边"命令。进行网格设计。网格物体面模型顺时针旋转边效果如图 6-60 所示。

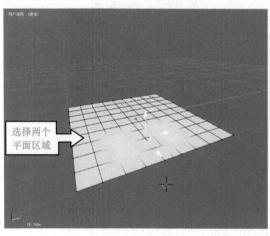
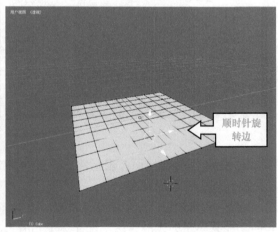

图 6-60　网格物体面模型顺时针旋转边效果

13）旋转 UV：表示旋转面内侧的 UV 坐标。

14）移除 UV：是指翻转面内侧的 UV 坐标方向。

15）旋转顶点颜色：表示旋转面内侧的顶点颜色。

16）反向颜色：是指翻转面内侧的顶点颜色。

利用网格物体和编辑工具设计一个三维锤子造型，具体步骤如下：

① 启动 Blender 游戏引擎集成开发环境。在物体模式中，默认物体为立方体模型，或选择"添加"→"网格"→"立方体"命令创建一个立方体网格物体模型。

② 按 <Tab> 键切换到编辑模式中，按快捷键 <A> 全选。利用快捷键 <S> 缩小立方体造型。

③ 按组合键 <Ctrl+Tab> 调出网格选择模式菜单，选择"面"模式，然后右击选择立方体的上面。按数字键 <1> 切换至前视图，按快捷键 <G+Z> 组合键沿 z 轴上方移动一段距离。

④ 按组合键 <Ctrl+Tab> 显示网格选择模式菜单，选择"点"模式。按 <Ctrl+R> 组合键在长方体水平面上拉出一个环切线，单击后，滑动鼠标至 z 轴上方。创建网格物体锤子把和锤子头部模型如图 6-61 所示。

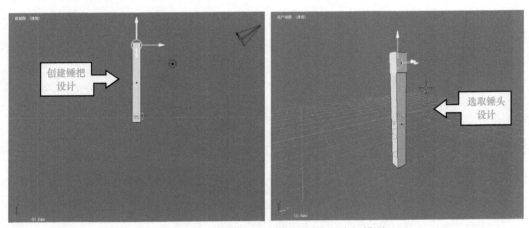

图 6-61　创建网格物体锤子把和锤子头部模型

⑤ 接着重新回到"面"模式，右击选择侧面的两个面，按 <E> 键后松开鼠标，然后再按 <S+Y> 键沿 Y 轴正、负方向水平缩放。

⑥ 选中锤头的一个面，选择"网格"→"变换"→"旋转"命令沿 x 轴旋转或按快捷键 <R+X> 完成锤子造型设计。锤子模型设计效果如图 6-62 所示。

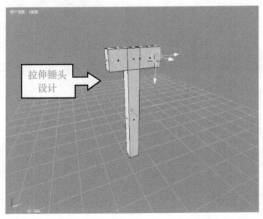
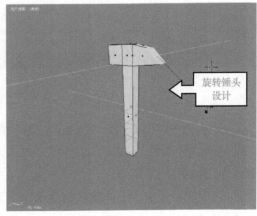

图 6-62　锤子模型设计效果

6.3.4 Blender 虚拟仿真案例

Bledner 虚拟现实技术 LoopTools 工具的案例实现步骤如下：

① 启动 Blender 游戏引擎集成开发环境。

② 在物体模式中，删除默认立方体。

③ 在标题栏 2 中，选择"添加"→"网格"→"圆柱体"命令，设置圆柱体尺寸 X=Y=Z=6.0。

④ 按 <Shift+A> 组合键并选择"网格"→"圆柱体"命令，按 <S> 键对模型进行缩放，再按 <S+Z> 键在 z 轴方向进行缩放，按快捷键 <R+Y> 旋转一定角度。

⑤ 按快捷键 <Shift+D> 再复制一根筷子，按快捷键 <G> 移动到适当位置。

创建的一个器皿和两双筷子造型如图 6-63 所示。

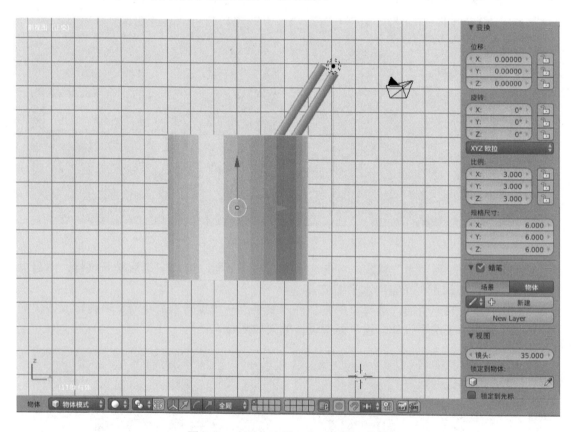

图 6-63　创建一个器皿和两双筷子造型

⑥ 在标题栏 1 中，选择"Cycles 渲染"模式。

⑦ 在标题栏 3 中，选择"时间线"→"节点编辑器"命令，在"新添加材质"中勾选"使用节点"，如图 6-64 所示。

⑧ 在标题栏 3 中，删除默认材质节点后添加折射 BSDF 节点，按快捷键 <Shift+A> 后选择"着色器"→"折射 BSDF"命令。如图 6-65 所示。

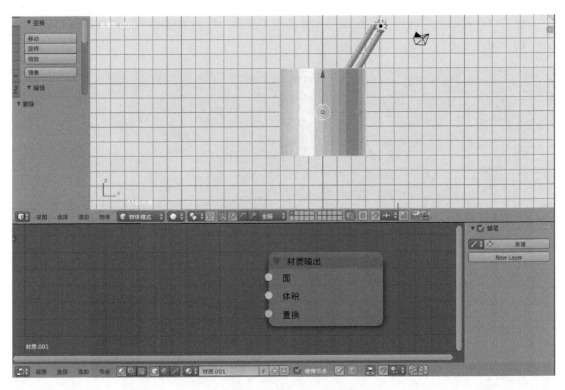

图 6-64　使用节点设计

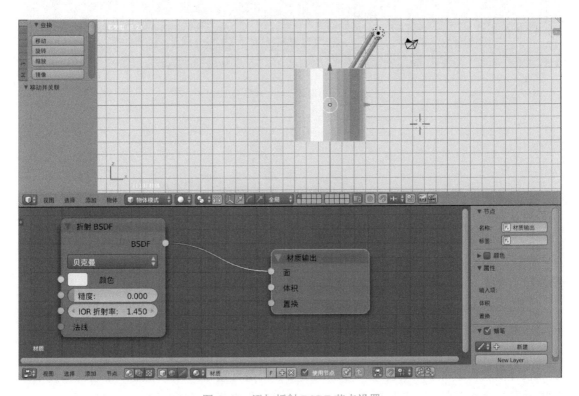

图 6-65　添加折射 BSDF 节点设置

⑨ 在 3D 视图编辑器中，按快捷键 <Shift+Z> 渲染，折射 BSDF 节点最终的渲染效果如图 6-66 所示。

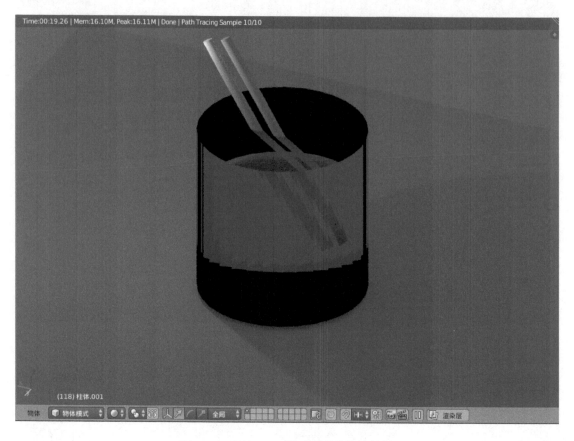

图 6-66　折射 BSDF 节点最终的渲染效果

小　　结

本章介绍了 3ds Max 建模、Maya 建模和 Blender 建模，并对 Blender 建模技术进行了详细讲解。

Blender 虚拟仿真开发平台提供了完整、全面、系统、集成的 3D 创作工具，包括建模、UV 映射、贴图、绑定、蒙皮、动画、粒子和其他系统的物理学模拟、脚本控制、渲染、运动跟踪、合成、后期处理以及虚拟仿真场景开发与设计制作。

利用 Blender 虚拟仿真开发平台创建三维模型、动画设计以及渲染和后期制作平台，从基础的建模入手，逐步构建复杂模型、人体模型，进行仿真自然景观设计、VR/AR 眼镜与头盔设计和全景技术的开发与设计。由浅入深、循序渐进地理解并掌握 3D 建模、雕刻、渲染、动画设计以及物理引擎开发设计。将 Blender 3D 模型直接导入 X3D 虚拟 / 增强现实技术项目的开发与设计平台中，实现 X3D+Blender-VR/AR 集成开发环境的构建。

习　题

一、选择题

1．单选题

1）Blender 的场景属性编辑器是用于（　　）。

A．对场景中的各种属性进行设置　　　　B．进行动画编辑

C．对 3D 模型进行雕刻　　　　　　　　D．显示项目标题

2）不属于 Blender 软件中三维空间三个轴向的是（　　）。

A．x 轴　　　　　B．y 轴　　　　　C．a 轴　　　　　D．z 轴

3）Blender 软件中创建一个点的正确操作方式是按（　　）。

A．<Ctrl> 键 + 鼠标左键　　　　　　　B．<Ctrl> 键 + 鼠标右键

C．<Shift> 键 + 鼠标左键　　　　　　　D．<Shift> 键 + 鼠标右键

4）对 Blender 软件中"编辑模式"和"对象模式"描述错误的是（　　）。

A．在对象模式中对物体对象进行的各种操作影响整个对象

B．在编辑模式中对物体对象的操作将影响全局属性

C．使用快捷键 <Tab> 可以实现"物体模式"与"编辑模式"的切换

D．两种模式都可以对几何或网格物体进行设计制作

2．多选题

1）Blender 软件中通过添加网格可直接创建的基本体包括（　　）。

A．平面　　　　　B．立方体　　　　　C．圆环　　　　　D．棱角体

2）Blender 软件可提供的制作内容包括（　　）。

A．建模设计　　　B．雕刻设计　　　C．材质纹理渲染　　D．VR/AR 设计

3）网格物体构成包含的三个基本结构要素是（　　）。

A．点　　　　　　B．线　　　　　　C．面　　　　　　D．角

4）对点、线、面正确的操作方法有（　　）。

A．在编辑模式下，不断按 <Ctrl> 键 + 鼠标左键可以创建出很多关联的顶点

B．通过选择两个顶点和按 <F> 键能创建一个边缘

C．创建三角形的三条边后，按 <F> 键可填充三角面

D．可以通过编辑点、线、面调整基本体

二、判断题

1）Blender 是一款专门用于建模的三维软件。（　　）

2）Blender 软件建模只能从基本体开始创建。（　　）

3）使用框选择、刷选择、套索选择都可以对点线面进行选择操作。（　　）

三、填空题

1）Blender 软件中选择物体需要用鼠标单击并按_____键。

2）Blender 软件中，_____模式和_____模式均可以对几何或网格物体对象进行设计工作。

3）Blender 软件中，可以使用快捷键_____删除选中的物体。

四、操作题

1）建立猴头，并完成如下参数设置：

位移（$x=3$、$y=-3$、$z=0$），旋转（$x=90$、$y=0$、$z=0$），缩放比例（$x=1$、$y=1$、$z=1$），尺寸大小（$x=2$、$y=2$、$z=0$）。

2）应用 Blender 网格建模技术，制作如图 6-67 所示的杯子模型。

3）应用 Blender 网格建模技术，制作如图 6-68 所示的桌子模型。

图 6-67　杯子模型

图 6-68　桌子模型

第7章 X3D 虚拟 / 增强现实开发

学习目标

○ 了解 X3D 虚拟 / 增强现实开发平台
○ 掌握 X3D 语法结构
○ 掌握 X3D 虚拟 / 增强现实开发与设计编程

X3D 虚拟 / 增强现实开发平台是由 X3D 虚拟 / 增强现实交互技术 +Blender 仿真游戏引擎构成的最佳 VR/AR 开发组合平台，X3D 是 Web3D 联盟国际组织开发的交互设计前沿开发技术，是一款免费开源的跨平台利用程序编码创建三维动画设计与制作软件。

X3D 虚拟 / 增强现实技术具有扩充性三维图形规范和标准并且延伸了 VRML97 的功能。VRML/X3D 被称为虚拟现实建模语言，是唯一一个利用编程技术创建三维立体模型和场景的前沿技术，从 VRML97 到 X3D 是三维图形规范的一次重大变革，而最大的改变之处，就是 X3D 结合了 XML 和 VRML97。X3D 将 XML 的标记式语法定为三维图形的标准语法，已经完成了 X3D 的文件格式定义（DTD，Document Type Definition）。目前世界上的网络三维图形标准—— X3D 已成为网络上制作三维立体设计的新宠。Web3D 联盟得到了包括 Sun、Sony、Shout3D、Oracle、Philips、3Dlabs、ATI、3Dfx、Autodesk/Discreet、ELSA、Division、MultiGen、Elsa、NASA、Nvidia、France Telecom 等多家公司和科研机构的有力支持。可以相信 X3D 虚拟 / 增强现实技术必将对未来的 Web 应用产生深远的影响。

X3D 虚拟 / 增强现实技术是互联网 3D 图形国际通用软件标准，定义了如何在多媒体中整合基于网络传播的交互三维内容。X3D 技术可以在不同的硬件设备中使用，并可用于不同的应用领域中，如科学可视化、航空航天模拟、虚拟战场、多媒体再现、教育、娱乐、网页设计、共享虚拟世界等方面。X3D 也致力于建立一个 3D 图形与多媒体的统一的交换格式，是 VRML 的继承。VRML 是原来的网络 3D 图形的 ISO 标准（ISO/IEC 14772），而 X3D 是 XML 标准与 3D 标准的有机结合，X3D 相对 VRML 有重大改进，提供了以下新特性：更先进的应用程序界面、新增添的数据编码格式、严格的一致性，组件化结构等。

X3D 虚拟 / 增强现实开发平台如图 7-1 所示。Blender 仿真游戏引擎与 X3D VR/AR 交互技术无缝对接，把 Blender3D 模型、材质、纹理、动画、物理特效等功能导入 X3D VR/

AR 交互场景中，极大提高 X3D VR/AR 交互技术项目开发的效率。

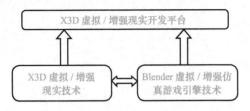

图 7-1　X3D 虚拟 / 增强现实开发平台

扫码看视频

7.1　X3D 语法概述

X3D 仿真引擎节点是 X3D 仿真引擎文件中最高一级的 XML 节点，包含概貌（Profile）、版本（Version）、命名空间（xmlns:xsd）等信息。head 头文件标签节点包括 component（组件）、metadata（元数据）或任意自定的标签。head 标签节点是 X3D 仿真引擎标签的第一个子对象，放在场景的开头。如果想使用指定概貌集合范围之外的节点，可以在头文件中加入组件语句，用以描述场景之外的其他信息。另外，可以在头文件元素中加入 meta 子元素描述说明，表示文档的作者、说明、创作日期或著作权等相关信息。场景（Scene）节点是包含所有 X3D 仿真引擎场景语法结构的根节点，根据此根节点可增加需要的节点和子节点以创建三维立体场景和造型，在每个文件里只允许有一个 Scene 根节点。

X3D 仿真引擎节点设计包括 X3D 仿真引擎节点与场景（Scene）节点的语法和定义。任何 X3D 仿真引擎场景或造型都由 X3D 仿真引擎节点与场景（Scene）根节点开始，在此基础上开发设计软件项目所需要的各种场景和造型。X3D 仿真引擎节点（nodes）被表示为 XML 元素（element）。X3D 仿真引擎节点中的域（field）被表示为 XML 中的属性（attributes），例如，name="value"（域名 = "值"）字符串对。

X3D 仿真引擎节点语法包括域名、域值、域数据类型以及存储 / 访问类型等，其语法定义如下：

```
<X3D 仿真引擎　域名（属性名）        域值（属性值）              域数据类型
                Profile                [Full|
                                        Immersive|
                                        Interactive|
                                        Interchange|
                                        Core|
                                        MPEG4Interactive]
                Version                3.2                        SFString
                xmlns:xsd              http://www.w3d.org/2001/XMLSchema-instance
                xsd:noNamespace
                SchemaLocation         http://www.w3d.org/specifications/X3D 仿真引擎 -3.2.xsd>
</X3D 仿真引擎 >
```

X3D 仿真引擎节点包含 Profile、Version、xmlns:xsd、xsd:noNamespace SchemaLocation 4 个域。其中，Profile 又包含几个域值：Full、Immersive、Interactive、Interchange、Core、MPEG4Interactive 等，默认值为 Full。

1）Profile：Full 包括 X3D 仿真引擎 /2000x 规格中的所有节点；Immersive 中加入了"GeoSpatial"地理信息支持；Interchange 负责相应的基本场景内核（Core）并符合只输出的设计；Interactive 或 MPEG4Interactive 负责相应的 KeySensor 类的交互；Extensibility 扩展概貌负责交互、脚本、原型、组件等；VRML97 符合 VRML97 规格的向后兼容性。

2）Version：相应版本 X3D 仿真引擎 Version 3.2 对应 X3D 仿真引擎 /VRML2000x，表示字符数据，总是使用固定值，是一个单值字符串类型 SFString。

3）xmlns:xsd：表示 XML 命名空间概要定义，其中，XML namespace 缩写为 xmlns；XML Schema Definition 缩写为 xsd。

4）xsd:noNamespace SchemaLocation: 表示 X3D 仿真引擎概要定义的 X3D 仿真引擎文本有效 URL（Uniform Resource Locator，统一资源定位码器）。

7.1.1　X3D 仿真引擎语法格式

1. X3D 仿真引擎格式

在每一个 X3D 仿真引擎文件中，文件头必须位于 X3D 仿真引擎文件的第一行。X3D 仿真引擎文件是以 UTF-8 编码字符集用 XML 技术编写的文件，每一个 X3D 仿真引擎文件的第一行应该有 XML 的声明语法格式（文档头）表示。

在 X3D 仿真引擎文件使用 XML 语法格式声明：

```
<?xml version="1.0" encoding="UTF-8"?>
```

语法说明：

1）声明从"<?xml"开始，到"?>"结束。

2）version 属性指明编写文档的 XML 的版本号，该项是必选项，通常设置为"1.0"。

3）encoding 属性是可选项，表示使用编码字符集。省略该属性时，使用默认编码字符集，即 Unicode 码，在 X3D 仿真引擎中使用国际 UTF-8 编码字符集。

UTF-8 的英文全称是 UCS Transform Format，而 UCS 是 Universal Character Set 的缩写。国际 UTF-8 字符集包含任何计算机键盘上能够找到的字符，而多数计算机使用的 ASCII 字符集是 UTF-8 字符集的子集，因此使用 UTF-8 书写和阅读 X3D 仿真引擎文件很方便。UTF-8 支持多种语言字符集，由国际标准化组织 ISO 10646-1:1993 标准定义。

2. X3D 仿真引擎类型声明

X3D 仿真引擎文档类型声明用来在文档中详细地说明文档信息，必须出现在文档的第一个元素前，文档类型采用 DTD 格式。<!DOCTYPE……> 描述以指定 X3D 仿真引擎文件所采用的 DTD，文档类型声明对于确定一个文档的有效性、良好结构性是非常重要的。

X3D 仿真引擎文档类型声明（内部 DTD 的书写格式）：

```
<!DOCTYPE X3D 仿真引擎 PUBLIC "ISO//Web3D//DTD X3D 仿真引擎 3.2//EN"
  "http://www.web3d.org/specifications/X3D 仿真引擎 -3.2.dtd">
```

DTD 可分为外部 DTD 和内部 DTD 两种类型，外部 DTD 存放在一个扩展名为 DTD 的独立文件中，内部 DTD 和它描述的 XML 文档存放在一起，XML 文档通过文档类型声明来引用外部 DTD 和定义内部 DTD。X3D 仿真引擎使用内部 DTD 的书写格式为 <!DOCTYPE

根元素名 [内部 DTD 定义……]>。X3D 仿真引擎使用外部 DTD 的书写格式为 <!DOCTYPE 根元素名 SYSTEM DTD 文件的 URI>。

URI（Uniform Resource Identifier，统一资源标识符）泛指所有以字符串标识的资源，其范围涵盖了 URL 和 URN。URL（Uniform Resource Locator，统一资源定位码 / 器）是指标有通信协议的字符串（如 HTTP、FTP、GOPHER），通过其基本访问机制的表述来标识资源。URN（Uniform Resource Name，统一资源名称）用来标识由专门机构负责的全球唯一的资源。

3．X3D 仿真引擎概貌

X3D 仿真引擎主程序概貌（Profile）涵盖了组件、说明以及场景中的各个节点等信息，用来指定 X3D 仿真引擎文档所采用的概貌属性。概貌中定义了一系列内建节点及其组件的集合，X3D 仿真引擎文档中所使用的节点必须在指定概貌的集合的范围之内。概貌的属性值可以是 Core、Interchange、Interactive、MPEG4Interactive、Immersive 及 Full。X3D 仿真引擎主程序概貌如下：

```
<X3D profile='Immersive' version='3.2'
xmlns:xsd='http://www.w3.org/2001/XMLSchema-instance'
xsd:noNamespaceSchemaLocation='http://www.web3d.org/specifications/X3D-3.2.xsd'>
</X3D>
```

4．X3D 仿真引擎 head 标签节点

X3D 仿真引擎 head 标签节点也称为头文件，包括 component（组件）、metadata 或任意作者自定的标签。head 标签节点是 X3D 仿真引擎标签的第一个子对象，放在场景的开头，在网页 HTML 中与 <head> 标签匹配。它主要用来描述场景之外的其他信息，如果想使用指定概貌集合范围之外的节点，可以在头文件中加入组件（component）语句，表示额外使用某组件及支援等级中的节点。另外，可以在头文件元素中加入 meta 子元素描述说明，表示文档的作者、说明、创作日期或著作权等的相关信息。head 标签节点语法定义如下：

```
<head>
        <meta 子元素描述说明 />
                ：
        <meta 子元素描述说明 />
</head>
```

5．X3D 仿真引擎 component 标签节点

X3D 仿真引擎 component 标签节点指出场景中需要的超出给定 X3D 仿真引擎概貌的功能。component 标签是 head 头文件标签里首选的子标签，即先增加一个 head 头文件标签，然后根据设计需求增加组件。component 标签节点语法定义如下：

```
<component
        name            [Core | CADGeometry |
                        CubeMapTexturing | DIS |
                        EnvironmentalEffects |
                        EnvironmentalSensor |
                        EventUtilities | GeoData |
                        Geometry2D | Geometry3D |
                        Geospatial | Grouping |
                        H-Anim | Interpolation |
                        KeyDeviceSensor |
```

```
                    Lighting | Navigation |
                    Networking | NURBS |
                    PointingDeviceSensor |
                    Rendering | Scripting |
                    Shaders | Shape | Sound |
                    Text | Texturing |
                    Texturing3D | Time]
       level        [1|2|3|4]
/>
```

component 标签节点包含两个域，一个是 name（名字），另一个是 level（支持层级）。name 中包含了 Core、CADGeometry、CubeMapTexturing、DIS、EnvironmentalEffects、Environ-mentalSensor、EventUtilities、GeoData、Geometry2D、Geometry3D、Geospatial、Grouping、H-Anim、Interpolation、KeyDeviceSensor、Lighting、Navigation、Networking、NURBS、PointingDeviceSensor、Rendering、Scripting、Shaders、Shape、Sound、Text、Texturing、Texturing3D、Time 等组件，level 表示每一个组件所支持层级，支持层级一般分为 4 级，分别为 1、2、3、4。

6. X3D 仿真引擎 meta 标签节点

X3D 仿真引擎 meta 标签节点是在头文件（head）节点中加入 meta 子节点描述说明，表示文档的作者、说明、创作日期或著作权等的相关信息。meta 节点数据为场景提供信息，使用与网页 HTML 的 meta 标签一样的方式，attribute=value 进行字符匹配，提供名称和内容属性。X3D 仿真引擎所有节点语法均包括域名、域值、域数据类型以及存储 / 访问类型等。meta 子节点语法定义如下：

```
<meta       域名（属性名）    域值（属性值）    域数据类型      存储 / 访问类型
            name            Full            SFString       InputOutput
            content
            xml:lang
            dir             [ltr|rtl]
            http-equiv
            scheme
/>
```

meta 子节点包含 name（名字）、content（内容）、xml:lang（语言）、dir、http-equiv、scheme 等域。

name（名字）域：是一个单值字符串类型，该属性是可选项，在此输入元数据属性的名称。

content（内容）域：是一个必须提供的属性值，用来描述节点必须提供的属性的值，在此要输入元数据的属性值。

xml:lang（语言）域：表示字符数据的语言编码，该属性是可选项。

dir 域：表示从左到右或从右到左的文本的排列方向，可选择 [ltr|rtl]，即 ltr=left-to-right，rtl=right-to-left，该属性是可选项。

http-equiv 域：表示 HTTP 服务器可能用来回应 HTTP headers，该属性是可选项。

scheme 域：允许作者提供用户更多的上下文内容以正确解释元数据信息，该属性是可选项。

（1）MetadataDouble 节点

MetadataDouble 双精度浮点数节点为其父节点提供信息，此节点更多信息可以由附带 containerField="metadata" 的子 meta 节点提供。IS 标签先于任何 meta 标签，meta 标签先于其他子标签。MetadataDouble 双精度浮点数节点的语法定义如下：

```
<MetadataDouble
    DEF            ID
    USE            IDREF
    name           SFString        InputOutput
    value          MFDouble        InputOutput
    reference      SFString        InputOutput
    containerField "metadata"
/>
```

MetadataDouble 双精度浮点数节点包含 name（名字）、value（值）、reference（参考）、containerField（容器域）、DEF（定义节点）以及 USE（使用节点）等域。

value（值）域：是一个多值双精度浮点类型，在此处输入 metadata 元数据的属性值。访问类型是输入 / 输出类型，该属性是可选项。

name（名字）域：是一个单值字符串类型，在此处输入 metadata 元数据的属性名。访问类型是输入 / 输出类型，该属性是可选项。

reference（参考）域：是一个单值字符串类型，作为元数据标准或特定元数据值定义的参考。访问类型是输入 / 输出类型，该属性是可选项。

containerField（容器）域：是 field 标签的前缀，表示子节点和父节点的关系。如果是作为 MetadataSet 元数据集的一部分，则设置 containerField="value"，否则只作为父元数据节点自身提供元数据时，使用默认值 "metadata"。containerField 属性只有在 X3D 仿真引擎场景用 XML 编码时才使用。

DEF：为节点定义唯一的 ID，在其他节点中就可以引用这个节点。用 DEF 为节点命名时，使用有意义的描述性的名称可以规范文件，提高文件的可读性。

USE：用来引用 DEF 定义的节点 ID，即引用 DEF 定义的节点名字，同时忽略其他属性和子对象。使用 USE 来引用其他节点对象而不是复制节点可以提高性能和编码效率。

（2）MetadataFloat 节点

MetadataFloat 单精度浮点数节点为其父节点提供信息，此节点的更进一步信息可以由附带 containerField="metadata" 的子 meta 节点提供。IS 标签先于任何 meta 标签，meta 标签先于其他子标签。MetadataFloat 单精度浮点数节点语法定义如下：

```
<MetadataFloat
    DEF            ID
    USE                     IDREF
    name                    SFString        InputOutput
    value                   MFFloat         InputOutput
    reference               SFString        InputOutput
    containerField          "metadata"
/>
```

MetadataFloat 单精度浮点数节点包含 name（名字）、value（值）、reference（参考）、containerField（容器域）、DEF（定义节点）以及 USE（使用节点）等域。

value（值）域：是一个多值单精度浮点类型，在此处输入 metadata 元数据的属性值。访问类型是输入/输出类型，该属性是可选项。

MetadataFloat 单精度浮点数节点的其他域详细说明与 MetadataDouble 双精度浮点数节点域相同。

（3）MetadataInteger 节点

MetadataInteger 整数节点为其父节点提供信息，此节点的更进一步的信息可以由附带 containerField="metadata" 的子 meta 节点提供。IS 标签先于任何 meta 标签，meta 标签先于其他子标签。MetadataInteger 整数节点语法定义如下：

```
<MetadataInteger
    DEF              ID
    USE                        IDREF
    name                                    SFString      InputOutput
    value                                   MFInt32       InputOutput
    reference                               SFString      InputOutput
    containerField        "metadata"
/>
```

MetadataInteger 整数节点包含 name（名字）、value（值）、reference（参考）、containerField（容器域）、DEF 以及 USE 等域。

value（值）域：是一个多值整数类型，在此处输入 metadata 元数据的属性值。访问类型是输入/输出类型，该属性是可选项。

MetadataInteger 整数节点的其他域详细说明与 MetadataDouble 双精度浮点数节点域相同。

（4）MetadataString 节点

MetadataString 节点为其父节点提供信息，此节点的更进一步信息可以由附带 containerField="metadata" 的子 meta 节点提供。IS 标签先于任何 meta 标签，meta 标签先于其他子标签。MetadataString 节点语法定义如下：

```
<MetadataString
    DEF         ID
    USE                    IDREF
    name                             SFString      InputOutput
    value                            MFString      InputOutput
    reference                        SFString      InputOutput
    containerField   "metadata"
/>
```

MetadataString 节点包含 name（名字）、value（值）、reference（参考）、containerField（容器域）、DEF（定义节点）以及 USE（使用节点）等域。

value（值）域：是一个多值字符串类型，在此处输入 metadata 元数据的属性值。访问类型是输入/输出类型，该属性是可选项。

MetadataString 节点的其他域详细说明与 MetadataDouble 双精度浮点数节点域相同。

（5）MetadataSet 节点

MetadataSet 集中一系列的附带 containerField="value" 的 meta 节点，这些子节点共同为其父节点提供信息。此 MetadataSet 节点的更多信息可以由附带 containerField="metadata" 的子 meta 节点提供。IS 标签先于任何 meta 标签，meta 标签先于其他子标签。MetadataSet 节点的语法定义如下：

```
<MetadataSet
    DEF            ID
    USE                          IDREF
    name                         SFString        InputOutput
    reference                    SFString        InputOutput
    containerField    "metadata"
/>
```

MetadataSet 节点包含 DEF（定义节点）、USE（使用节点）、name（名字）、reference（参考）、containerField（容器域）等域，详细说明与 MetadataDouble 双精度浮点数节点域相同。

7.1.2　X3D 仿真引擎场景结构

X3D 仿真引擎场景结构的 Scene（场景）节点是包含所有 X3D 仿真引擎场景语法定义的根节点。在此根节点上增加需要的节点和子节点以创建场景。在每个文件里只允许有一个 Scene 根节点。Scene fields 体现了 Script 节点 Browser 类的功能，浏览器对这个节点 fields 的支持还在实验性阶段。可用 Inline 引用场景中的 Scene 节点使其产生与根 Scene 节点相同效果的值。

X3D 仿真引擎场景设计 Scene（场景）节点设计包括 Scene 节点定义、Scene 节点语法结构图以及 Scene 节点详解等。Scene（场景）根节点语法定义如下：

```
<Scene>
    <!-- Scene graph nodes are added here -->
</Scene>
```

X3D 仿真引擎文件注释：在编写 X3D 仿真引擎源代码时，为了使源代码结构更合理、更清晰、层次感更强，经常在源程序中添加注释信息。在 X3D 仿真引擎文档中允许程序员在源代码中的任何地方进行注释说明，以进一步增加源程序的可读性，使 X3D 仿真引擎源文件层次清晰、结构合理，形成文档资料，符合软件开发要求。在 X3D 仿真引擎文档中加入注释的方式与 XML 的语法相同。例如：

```
<Scene>
    <!-- Scene graph nodes are added here -->
</Scene>
```

其中 <!-- Scene graph nodes are added here --> 是一个注释。X3D 仿真引擎文件注释部分是以一个符号"<!--"开头，以"-->"结束于该行的末尾，文件注释信息可以是一行，也可以是多行，但不允许嵌套。同时，字符串"--""<"和">"不能出现在注释中。

浏览器在浏览 X3D 仿真引擎文件时将跳过注释部分的所有内容。另外，浏览器在浏览 X3D 仿真引擎文件时将自动忽略 X3D 仿真引擎文件中的所有空格和空行。

一个 X3D 仿真引擎元数据与结构源程序案例框架主要由 X3D 仿真引擎节点、head 头文件节点、component 组件标签节点、meta 节点、Scene 场景节点以及基础节点等构成。

X3D 仿真引擎文件案例源程序框架展示如下：

```xml
<?xml version="1.0" encoding="UTF-8"?>
<X3D profile='Immersive' version='3.2' >
    <head>
        <meta content='*enter FileNameWithNoAbbreviations.X3D here*' name='title'/>
        <meta content='*enter description here, short-sentence summaries preferred*'
            name='description'/>
        <meta content='*enter name of original author here*' name='creator'/>
        <meta content='*if manually translating VRML-to-X3D, enter name of person translating here*'
            name='translator'/>
        <meta content='*enter date of initial version here*' name='created'/>
        <meta content='*enter date of translation here*' name='translated'/>
        <meta content='*enter date of latest revision here*' name='modified'/>
        <meta content='*enter version here, if any*' name='version'/>
        <meta content='*enter reference citation or relative/online url here*' name='reference'/>
        <meta content='*enter additional url/bibliographic reference information here*'
            name='reference'/>
        <meta content='*enter reference resource here if required to support function, delivery, or
            coherence of content*' name='requires'/>
        <meta content='*enter copyright information here* Example: Copyright (c) Web3D Consortium
            Inc. 2018' name='rights'/>
        <meta content='*enter drawing filename/url here*' name='drawing'/>
        <meta content='*enter image filename/url here*' name='image'/>
        <meta content='*enter movie filename/url here*' name='MovingImage'/>
        <meta content='*enter photo filename/url here*' name='photo'/>
        <meta content='*enter subject keywords here*' name='subject'/>
        <meta content='*enter permission statements or url here*' name='accessRights'/>
        <meta content='*insert any known warnings, bugs or errors here*' name='warning'/>
        <meta content='*enter online Uniform Resource Identifier (URI) or Uniform Resource Locator
            (URL) address for this file here*' name='identifier'/>
        <meta content='X3D-Edit, https://savage.nps.edu/X3D-Edit' name='generator'/>
        <meta content='../../license.html' name='license'/>
    </head>
    <Scene>
        <!-- Scene graph nodes are added here -->
    </Scene>
</X3D>
```

7.2　X3D 基础建模

扫码看视频

X3D 基础建模是通过基本的 X3D 节点语法、Blender 虚拟仿真引擎、X3D 开发设计编程软件平台来创建基本的 3D 模型，包含 X3D 球体、X3D 圆锥体、X3D 立方体、X3D 圆柱体、X3D 文本等。

X3D 基础建模任务分析与设计可分解为球体、圆柱体、立方体、圆锥体以及文本设计 5 个子任务，分别通过对球体的半径设置，创建一个球体；编写圆柱的底半径、高确定一个圆柱体；

根据长、宽、高创建一个长方体;通过圆锥的底半径和高编写一个圆锥体等,如图 7-2 所示。

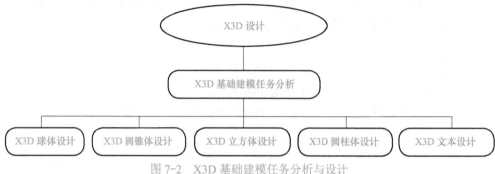

图 7-2　X3D 基础建模任务分析与设计

7.2.1　X3D 基础节点建模

1. Shape 模型节点建模

Shape 模型节点建模是在 X3D 文件中 Scene 根场景节点基础上,选择或添加一个 Shape 模型节点或其他节点来编辑各种三维立体场景和造型。在 Shape 模型节点中包含两个子节点,分别为 Appearance 外观节点与 Geometry 基础造型节点。Appearance 外观子节点定义了物体造型的外观,包括纹理映像、纹理坐标变换以及外观的材料节点等,Geometry 基础造型子节点定义了立体空间物体的基础造型,如 Box 节点、Cone 节点、Cylinder 节点和 Sphere 节点等原始的基础结构。Shape 节点是 X3D 虚拟现实的内核节点,在 X3D 基础建模中显得尤为重要。

Shape 模型节点语法定义如下:

```
<Shape
    DEF              ID
    USE              IDREF
    bboxCenter       0 0 0          SFVec3f        initializeOnly
    bboxSize         -1 -1 -1       SFVec3f        initializeOnly
    containerField   children
    class
/>
```

2. Sphere 球体节点语法

Sphere 球体节点语法定义了一个三维立体球体的属性和域值,通过 Sphere 球体节点的域名、域值、域的数据类型以及事件的存储访问权限的定义来描述一个三维立体空间球体造型。主要利用球体半径(radius)和实心(solid)参数创建(设置)X3D 虚拟现实球体文件。Sphere 球体节点的语法定义如下:

```
<Sphere
    DEF              ID
    USE              IDREF
    radius           1              SFFloat        initializeOnly
    solid            true           SFBool         initializeOnly
    containerField   geometry
    class
/>
```

3．Box 立方体节点语法

Box 立方体节点语法定义了一个三维空间立方体造型的属性名、域值、域数据类型、存储和访问类型，通过 Box 立方体节点的域名、域值等来描述一个三维空间立方体造型。主要利用立方体 size 尺寸大小分别定义立方体的长、高、宽和 solid 参数创建 X3D 虚拟现实立方体造型。Box 立方体节点的语法定义如下：

```
<Box
    DEF                 ID
    USE                                 IDREF
    size                2 2 2           SFVec3f         initializeOnly
    solid               true            SFBool          initializeOnly
    containerField      geometry
    class
/>
```

4．Cone 圆锥体节点语法

Cone 圆锥体节点语法定义了一个三维立体空间圆锥体造型的属性名和域值，利用 Cone 圆锥体节点的域名、域值、域的数据类型以及事件的存储访问权限的定义来创建一个三维立体空间 Cone 圆锥体造型。主要使用 Cone 圆锥体节点中的高度（height）、圆锥底半径（bottomRadius）、侧面（side）、底面（bottom）以及实心（solid）参数设置创建 X3D 虚拟现实圆锥体造型。Cone 圆锥体节点语法定义如下：

```
<Cone
    DEF                 ID
    USE                 IDREF
    height              2               SFFloat         initializeOnly
    bottomRadius        1               SFFloat         initializeOnly
    side                true            SFBool          initializeOnly
    bottom              true            SFBool          initializeOnly
    solid               true            SFBool          initializeOnly
    containerField      geometry
    class
/>
```

5．Cylinder 节点语法

Cylinder 节点语法定义了一个三维立体空间圆柱体造型的属性名和域值，利用 Cylinder 圆柱体节点的域名、域值、域的数据类型以及事件的存储访问权限的定义来创建一个三维立体空间 Cylinder 圆柱体造型。主要利用 Cylinder 圆柱体节点中的高度（height）、圆柱底半径（bottomRadius）、侧面（side）、底面（bottom）以及实心（solid）参数设置创建 X3D 虚拟现实三维立体圆柱体造型。Cylinder 圆柱体节点定义了一个圆柱体的三维立体造型，通常作为 Shape 节点中 geometry 域的值。Cylinder 圆柱体节点语法定义如下：

```
<Cylinder
    DEF                 ID
    USE                 IDREF
    height              2               SFFloat         initializeOnly
    radius              1               SFFloat         initializeOnly
```

top	true	SFBool	initializeOnly
side	true	SFBool	initializeOnly
bottom	true	SFBool	initializeOnly
solid	true	SFBool	initializeOnly
containerField	geometry		
class			

/>

7.2.2 X3D 文本节点建模

1. Text 节点语法

Text 节点语法定义了一个三维立体空间文本造型的属性名和域值，利用 Text 文本造型节点的域名、域值、域的数据类型以及事件的存储访问权限的定义来创建一个三维立体空间 Text 文本造型。主要利用 Text 文本造型节点中的文本内容（string）、文本长度（length）、文本最大有效长度（maxExtent）以及实心（solid）等参数设置创建 X3D 虚拟现实三维立体文本造型。Text 文本造型节点语法定义如下：

```
<Text
    DEF              ID
    USE              IDREF
    string                          MFString        inputOutput
    length                          MFFloat         inputOutput
    maxExtent        0.0            SFFloat         inputOutput
    solid            true           SFBool          initializeOnly
    lineBounds                      MFVec2f         outputOnly
    textBounds                      SFVec2f         outputOnly
    containerField   geometry
    class
/>
```

2. FontStyle 节点语法

FontStyle 文本外观节点语法定义了一个三维立体空间文本外观的属性名和域值，利用文本外观节点的域名、域值、域的数据类型以及事件的存储访问权限的定义来创建一个效果更加理想的三维立体空间文字造型。主要利用 FontStyle 文本外观节点中的 family（字体）、style（文本风格）、justify（摆放方式）、size（文字大小）、spacing（文字间距）、language（语言）、horizontal（文本排列方式）等参数设置创建 X3D 虚拟现实三维立体文本外观造型。FontStyle 文本外观节点语法定义如下：

```
<FontStyle
    DEF              ID
    USE              IDREF
    family           SERIF                  MFString     initializeOnly
    style            "PLAIN"
                     [PLAIN|BOLD|ITALIC|
                     BOLDITALIC]            SFString     initializeOnly
    justify          BEGIN                  MFString     initializeOnly
    size             1.0                    SFFloat      initializeOnly
    spacing          1.0                    SFFloat      initializeOnly
    language                                SFString
```

horizontal	true	SFBool	initializeOnly
leftToRight	true	SFBool	initializeOnly
topToBottom	true	SFBool	initializeOnly
containerField	fontStyle		
class			

/>

7.3　X3D 建模开发

扫码看视频　　　　扫码看视频

7.3.1　X3D 几何建模

1. 使用 X3D 球体造型建模

首先利用虚拟现实集成开发环境中各种基本的节点创建生动、逼真的 3D 球造型。使用 X3D 虚拟现实节点、背景节点、简单基础节点以及坐标变换节点进行设计和开发。下载 VR-Blender 虚拟仿真引擎集成开发环境，安装并运行该集成开发环境。

启动 VR-Blender 虚拟仿真引擎，按 <Delete> 键删除默认立方体。在 3D 视图中，按快捷键 <Shift+A>，选择"网格"→"经纬球体"命令创建一个球体造型，按快捷键 <N> 显示属性，调整球体半径为 3.5。在菜单栏中，选择"文件"→"导出"→"*.x3d"命令导出 X3D 文件，创建球体造型设计，如图 7-3 所示。

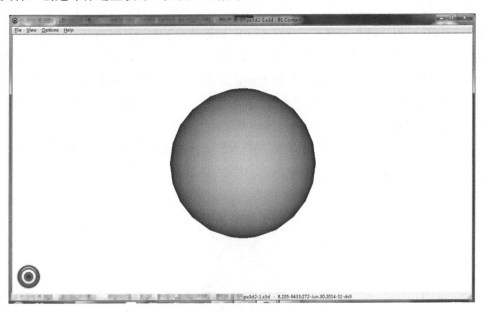

图 7-3　创建球体造型设计

【案例 7-1】利用 Shape 空间物体造型模型节点、背景节点、基本基础节点、坐标变换节点等，在三维立体空间背景下创建一个真实 3D 球造型。

第一步：在 Scene 场景节点中插入 Background 背景节点。

第二步：在 Background 背景节点下添加 Transform 坐标变换节点。

第三步：在 Transform 坐标变换节点中插入 Shape 模型节点。

第四步：在 Shape 模型节点中添加 Appearance 外观节点和球体基础节点。

X3D 球体造型三维立体场景文件 px3d5-1.X3D 中的源代码如下：

```
<Scene>
    <Background DEF="_1" skyColor='1 1 1'>
    </Background>
    <Transform DEF="_4" translation='0 0 -5'>
        <Shape DEF="_5">
            <Appearance DEF="_6">
                <Material DEF="_7">
                </Material>
            </Appearance>
            <Sphere DEF="_8" radius='3.5'>
            </Sphere>
            </Shape>
        </Transform>
    </Scene>
</X3D>
```

2．使用 X3D 圆锥体造型建模

扫码看视频

利用虚拟现实集成开发环境中各种基本的节点创建生动、逼真的 3D 圆锥体造型，使用 X3D 虚拟现实节点、背景节点、简单基础节点以及坐标变换节点进行设计和开发。

X3D 圆锥体造型建模是根据圆锥体的高、底半径等参数来设计圆锥体。在集成开发环境中启动 VR-Blender 虚拟仿真引擎，按 <Delete> 键删除默认立方体。在 3D 视图中，按快捷键 <Shift+A>，选择"网格"→"圆锥体"命令创建一个圆锥体造型，设置圆锥体高为 12，底半径为 6。调整圆锥体的颜色，在右侧的场景工具按钮中，选择"新建"→"材质"→"漫反射颜色"→"红色"命令。创建红色的圆锥体造型设计，如图 7-4 所示。

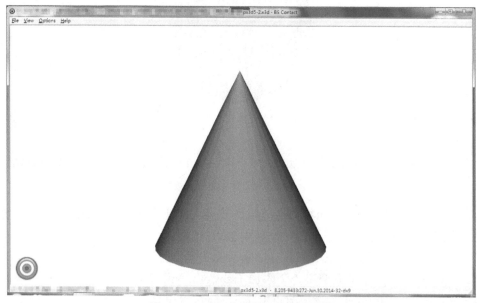

图 7-4　创建红色的圆锥体造型设计

【案例7-2】利用 Shape 空间物体造型模型节点、背景节点、基本基础节点、坐标变换节点等在三维立体空间背景下，创建一个红色的圆锥体 3D 造型。

第一步～第三步：同案例 7-1。

第四步：在 Shape 模型节点中添加 Appearance 外观节点和圆锥体基础节点。

第五步：在 Appearance 外观节点中插入 Material 材质节点，设置 diffuseColor='1 0 0.03921569' 为红色。

X3D 虚拟现实圆锥体造型三维立体场景文件 px3d7-2.x3d 中的源代码如下：

```
<Scene>
    <Background DEF="_1" skyColor='1 1 1'>
    </Background>
    <Transform DEF="_4" translation='0 0 -12'>
        <Shape DEF="_5">
            <Appearance DEF="_6">
                <Material DEF="_7" diffuseColor='1 0 0.03921569'>
                </Material>
            </Appearance>
            <Cone DEF="_8" bottomRadius='6' height='12'>
            </Cone>
        </Shape>
    </Transform>
</Scene>
```

3. 使用 X3D 圆柱体造型建模

X3D 圆柱体造型建模结合圆柱体节点和域值，根据圆柱体的高、底半径等参数来设计圆柱体。启动 VR-Blender 虚拟仿真引擎，按 <Delete> 键删除默认立方体。在 3D 视图中，按快捷键 <Shift+A>，选择"网格"→"圆柱体"命令创建一个圆柱体造型，设置圆柱体高为 12；圆柱体底半径为 6。调整圆柱体的颜色，在右侧的场景工具按钮中，选择"新建"→"材质"→"漫反射颜色"→"蓝色"命令。创建蓝色的圆柱体造型设计，如图 7-5 所示。

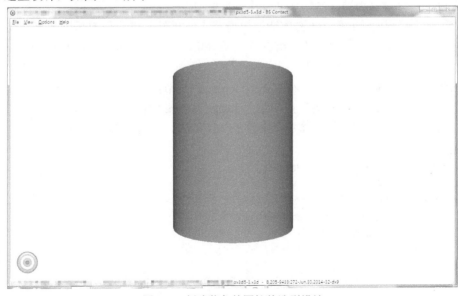

图 7-5　创建蓝色的圆柱体造型设计

【案例 7-3】利用 Shape 空间物体造型模型节点、背景节点、基本基础节点、坐标变换节点等，设置白色的三维立体空间背景，创建一个蓝色的圆柱体 3D 造型。

第一步～第三步：同案例 7-1。

第四步：在 Shape 模型节点中，添加 Appearance 外观节点和圆柱体基础节点。

第五步：在 Appearance 外观节点中插入 Material 材质节点，设置 diffuseColor='0 0 1' 为蓝色。

X3D 蓝色圆柱体造型三维立体场景文件 px3d7-3.x3d 中的源代码如下：

```
<Scene>
    <Background DEF="_1" skyColor='1 1 1'>
    </Background>
    <Transform DEF="_4" translation='0 0 -15'>
        <Shape DEF="_5">
            <Appearance DEF="_6">
                <Material DEF="_7" diffuseColor='0 0 1'>
                </Material>
            </Appearance>
            <Cylinder DEF="_8" height='12' radius='5'>
            </Cylinder>
        </Shape>
    </Transform>
</Scene>
```

7.3.2 X3D 材质纹理建模

启动 VR-Blender 虚拟仿真引擎，显示默认立方体，在 3D 视图中按快捷键 <N> 设置立方体，宽、高、深分别为 X=10、Y=10、Z=10。并进行纹理贴图，在右侧的场景工具按钮中，选择"新建"→"材质"命令，再选择"纹理"→"建"→"打开文件"命令，选择纹理图片来创建立方体纹理造型。

【案例 7-4】利用 Shape 空间物体造型模型节点、背景节点、基本基础节点、纹理图像以及坐标变换节点等，设置白的三维立体空间背景，创建一个立方体纹理造型。

第一步～第三步：同案例 7-1。

第四步：在 Shape 模型节点中添加 Appearance 外观节点和立方体基础节点。

第五步：在 Appearance 外观节点中插入 ImageTexture 图像纹理节点。

X3D 立方体纹理造型三维立体场景文件 px3d7-4.x3d 中的源代码如下：

```
<Scene>
    <Background DEF="_1" skyColor='1 1 1'>
    </Background>
    <Transform DEF="_4" translation='-2.149768 4 -2.112515'>
        <Shape DEF="_5" translation='0 0 -10'>
            <Appearance DEF="_6">
                <Material DEF="_7">
                </Material>
                <!-- 设置立方体图像纹理 url='"IMG_0232.jpg'"-->
                <ImageTexture DEF="_8" url='"IMG_0232.jpg">
```

```
        </ImageTexture>
      </Appearance>
      <Box DEF="_9" size='12 10 12'>
      </Box>
    </Shape>
  </Transform>
</Scene>
```

7.4　X3D 基础案例

1. X3D 场景切换交互案例

利用 X3D 虚拟/增强现实技术的各种节点创建生动、逼真、鲜活的三维立体场景。使用 X3D 节点、背景节点、坐标变换节点、Anchor 锚节点以及几何节点进行设计。利用 Anchor 锚节点实现三维立体空间场景之间的动态调用，Anchor 锚节点是一个可以包含其他节点的组节点，当单击这个组节点中的任一个几何对象时，浏览器便读取 URL 域指定的调用内容，可以在两个场景中相互调用场景。

X3D 场景切换交互设计的步骤如下：

第一步：在 Scene 场景节点中，插入 Background 背景节点。

第二步：导入汉字文字造型。

第三步：锚节点场景设置与调用。

第四步：导入相框 3D 模型。

第五步：相框图像纹理绘制。

启动 BS Content 集成开发环境，运行 X3D 场景切换交互设计场景，将光标移动到相框和图像上，单击可以切换至另外一个仿真游戏场景。X3D 场景切换交互设计，如图 7-6 所示。

图 7-6　X3D 场景切换交互设计

【案例 7-5】利用 Shape 空间物体造型模型节点、Appearance 外观子节点、Material 外观材料节点、Transform 空间坐标变换、Anchor 锚以及几何节点在三维立体空间背景下，创建一个动态交互调用场景。Anchor 锚节点三维立体场景设计 X3D 文件 px3d7-5 综合案例设计 .x3d 中的源代码如下：

```
<Scene>
<!-- Scene graph nodes are added here -->
    <Background skyColor="1 1 1"/>
<!-- 导入汉字文字造型 -->
<Transform translation='0.25 3 -0.1' rotation='0 1 0 3.141'>
        <Inline url='X3D-VR-AR-Scene.x3d'/>
    </Transform>
<!-- 锚节点场景设置与调用 -->
    <Anchor description='main call px3d5-5-1.x3d' url='"px3d7-5-1.x3d"'>
    <Transform translation='0 -0.5 2'>
<!-- 导入相框 3D 模型 -->
        <Transform rotation='0 0 1 0' scale='0.02 0.02 0.02' translation='1 1 -0.5'>
            <Inline url='phuakuang.x3d' />
        </Transform>
<!-- 相框图像纹理绘制 -->
        <Transform translation='0.25 -0.05 -0.1'>
            <Shape>
                <Appearance>
                    <Material />
                    <ImageTexture url='13692.jpg' />
                </Appearance>
                <Box size='6.2 4.7 0.01' />
            </Shape>
        </Transform>
        <Transform translation='0 -2 0'>
            <Shape>
                <Appearance>
                    <Material ambientIntensity='0.4' diffuseColor='1 0 0' shininess='0.2' specularColor='1 0 0'/>
                </Appearance>
                <Sphere radius='0.2' />
            </Shape>
        </Transform>
    </Transform>
    </Anchor>
</Scene>
```

当单击图 7-6 中的相框和图像时，将会调用 Anchor 锚节点子程序场景，运行结果如图 7-7 所示。在该子程序场景中，单击"金黄色球体"可返回主程序场景中。

图 7-7 利用 Anchor 锚节点调用子程序运行结果

被调用子程序（源程序）的源代码如下：

```
<Scene>
<!-- Scene graph nodes are added here -->
<!-- 锚节点场景设置与调用 -->
    <Anchor description="return main program" url="px3d7-5.x3d">
<!-- 背景节点，设置六个纹理图像 -->
        <Background leftUrl="'13691.jpg'" rightUrl="'13692.jpg'" frontUrl="'13693.jpg'" backUrl="'P3691.
jpg'" topUrl="'blue.jpg'" bottomUrl="'GRASS.JPG'"/>
<!-- 一个几何球体 3D 模型 -->
        <Shape>
            <Appearance>
                <Material ambientIntensity='0.2' diffuseColor='0.6 0.5 0.2' emissiveColor='0.7 0.4 0.2'
shininess='0.3' specularColor='0.8 0.6 0.2' transparency='0.0'>
                </Material>
            </Appearance>
            <Sphere containerField="geometry" radius='1.0'>
            </Sphere>
        </Shape>
    </Anchor>
</Scene>
```

2. 卡通 3D QQ 造型案例

利用 X3D 场景建模技术中的 Transform 坐标变换节点可
实现立体空间物体造型的移动、旋转、缩放和定位，在三维
立体坐标系 x、y、z 轴上实现任意位置的移动或定位效果。

扫码看视频

扫码看视频

在 X3D 场景中，如果有多个造型不进行移动处理，则这些造型将在坐标原点重合，这是设
计者不希望的。使用 Transform 坐标变换节点，可以实现 X3D 场景中各个造型的有机结合，
达到设计者的理想效果。利用虚拟现实 X3D 的各种节点创建生动、逼真的 Transform 空间
坐标变换组合的三维立体造型，使用 X3D 节点、坐标变换节点、背景节点、几何节点、组

节点以及动画设计节点进行设计。

X3D 虚拟现实卡通 3D QQ 造型综合案例设计步骤如下：

第一步：下载 BS Content Studio 集成开发环境，安装并运行该程序。

第二步：在主菜单中，找到 Node List View（节点列表视图），选择 Standard →
Primitivers → Sphere Primitive 命令创建一个球体造型，调整球体半径、坐标定位、缩放以及
旋转角。将卡通 3D QQ 造型头部、身体、四肢造型创建出来，为 3D QQ 模型添加相应的色彩。

第三步：在 Node List View（节点列表视图）中，选择 Standard → Primitivers → Cylinder
Primitive 创建一个圆柱体造型，调整圆柱体半径、坐标定位、缩放以及旋转角。创建卡通
3D QQ 造型的颈部造型，颜色调整为红色。

第四步：在 Node List View（节点列表视图）中，选择 Standard → Primitivers → Rectangle
Primitive 命令创建一个红色矩形造型与圆柱体相连。

【案例 7-6】利用 Transform 坐标变换节点、Shape 空间物体造型模型节点、背景节点、
基本几何节点包含球体节点、圆柱体节点、矩形平面节点等，在三维立体空间背景下创建一
个卡通 3D QQ 造型。卡通 3D QQ 造型设计文件 px3d7-6 综合案例设计 .x3d 中的源代码如下：

```
<Scene>
    <Background DEF="_Background" skyColor="0.98 0.98 0.98"/>
    <!-- 信息化节点和导航节点 -->
    <WorldInfo DEF="_2">
    </WorldInfo>
    <NavigationInfo DEF="_3" type='"EXAMINE","ANY"'>
    </NavigationInfo>
    <!-- -->
    <Transform DEF="_12" scale='1 0.979935 0.9430246' translation='0 -0.25 0'>
        <Shape DEF="_13">
            <Appearance DEF="_14">
                <Material DEF="_15" diffuseColor='1 1 1'>
                </Material>
            </Appearance>
            <Sphere DEF="_16">
            </Sphere>
        </Shape>
    </Transform>
    <Transform DEF="_17" scale='0.9336199 0.919807 0.8758318' translation='0 0.7595687 0'>
        <Shape DEF="_18">
            <Appearance DEF="_19">
                <Material DEF="_20" diffuseColor='0 0 0'>
                </Material>
            </Appearance>
            <Sphere DEF="_21" radius='0.9'>
            </Sphere>
        </Shape>
    </Transform>
    <Transform DEF="_22" rotation='0 -1 0 1.087341' scale='1.273603 1.051332 2.27071' translation='-0.5800716
-1.160632 0.1823755'>
```

```xml
            <Shape DEF="_23">
                <Appearance DEF="_24">
                    <Material DEF="_25" diffuseColor='1 0.8352941 0'>
                    </Material>
                </Appearance>
                <Sphere DEF="_26" radius='0.2'>
                </Sphere>
            </Shape>
        </Transform>
        <Transform DEF="_27" rotation='0 1 0 1.172734' scale='1.181516 0.9508561 2.430656' translation='0.5516598
-1.15837 0.1654074'>
            <Shape DEF="_28">
                <Appearance DEF="_29">
                    <Material DEF="_30" diffuseColor='1 0.8509804 0'>
                    </Material>
                </Appearance>
                <Sphere DEF="_31" radius='0.2'>
                </Sphere>
            </Shape>
            <Transform DEF="_32" rotation='-1 0 0 0.448' scale='0.2134386 0.2215524 0.2215524' translation='1.322478e-006
1.586354 0.2987285'>
            </Transform>
        </Transform>
        <Transform DEF="_33" scale='0.1272796 0.1926672 0.049989' translation='0.2093166 0.7918138 0.818999'>
            <Transform DEF="_34" scale='1.048748 0.9878734 1' translation='-2.33263 0 -0.09000778'>
                <Transform DEF="_35" rotation='0 0 1 0' translation='-0.4208107 0 -0.8393755'>
                    <Shape DEF="_36">
                        <Appearance DEF="_37">
                            <Material DEF="_38" diffuseColor='1 1 1'>
                            </Material>
                        </Appearance>
                        <Sphere DEF="_39">
                        </Sphere>
                    </Shape>
                </Transform>
                <Transform DEF="_40" translation='-6.379266 0 -0.7194748'>
                </Transform>
                <Transform DEF="_41" rotation='0 0 1 0' scale='1 1 1' translation='-14.40111 0 -0.7194748'>
                </Transform>
            </Transform>
            <Transform DEF="_42" scale='1.00802 1 1' translation='-0.2667397 0 -1.179921'>
                <Shape DEF="_43">
                    <Appearance DEF="_44">
                        <Material DEF="_45" diffuseColor='1 1 1'>
                        </Material>
                    </Appearance>
                    <Sphere DEF="_46">
                    </Sphere>
```

```
                </Shape>
            </Transform>
        </Transform>
    </Scene>
</X3D>
```

卡通 3D QQ 造型的头部、身体、眼睛、腿部模型，如图 7-8 所示。

图 7-8　卡通 3D QQ 造型的头部、身体、眼睛、腿部模型

卡通 3D QQ 造型其他部分，如嘴、翅膀、两个眼球、围巾等的源代码如下：

```
        <Transform DEF="_49" rotation='1 0 0 0.1302125' scale='0.9712724 0.1091001 0.9344133'
translation='0.005978299 0.3885307 0.02524016'>
            <Shape DEF="_50">
                <Appearance DEF="_51">
                    <Material DEF="_52" diffuseColor='0.8 0 0.01176471'>
                    </Material>
                </Appearance>
                <Cylinder DEF="_53" radius='0.85'>
                </Cylinder>
            </Shape>
        </Transform>
        <Transform DEF="_54" scale='1 1.205935 1' translation='-0.1095254 0.767837 0.7604926'>
            <Shape DEF="_55">
                <Appearance DEF="_56">
                    <Material DEF="_57" diffuseColor='0 0 0'>
                    </Material>
                </Appearance>
                <Sphere DEF="_58" radius='0.08'>
                </Sphere>
            </Shape>
        </Transform>
        <Transform DEF="_59" rotation='1 0 0 0.8068386' scale='0.07399157 0.0862591 0.03153834'
translation='0.1635355 0.7311262 0.7637297'>
```

```xml
    <Shape DEF="_60">
        <Appearance DEF="_61">
            <Material DEF="_62" diffuseColor='0 0 0'>
            </Material>
        </Appearance>
        <Sphere DEF="_63">
        </Sphere>
    </Shape>
</Transform>
<Transform DEF="_64" rotation='-0.7937914 -0.5967279 0.1175205 0.4863839' scale='0.1243597 0.4010295 0.9948069' translation='-0.2882672 -0.07965744 0.9216749'>
    <Shape DEF="_65">
        <Appearance DEF="_66">
            <Material DEF="_67" diffuseColor='0.8 0 0.01176471'>
            </Material>
        </Appearance>
        <Rectangle DEF="_68">
        </Rectangle>
    </Shape>
</Transform>
<Transform DEF="_69" rotation='0 0 -1 0.9374377' scale='0.4587172 0.1671703 0.2369523' translation='1.026341 -0.05473331 0.3174603'>
    <Transform DEF="_70" translation='-0.0672977 -0.5386481 0'>
        <Shape DEF="_71">
            <Appearance DEF="_72">
                <Material DEF="_73" diffuseColor='0 0 0'>
                </Material>
            </Appearance>
            <Sphere DEF="_74">
            </Sphere>
        </Shape>
    </Transform>
    <Transform DEF="_75" rotation='0 0 1 1.595435' translation='-3.008415 -11.30003 0'>
    </Transform>
</Transform>
<Transform DEF="_76" rotation='0 0 -1 0.5745115' scale='0.1461313 0.4477022 0.2258787' translation='-1.07119 -0.0786608 0.1583965'>
    <Shape DEF="_77">
        <Appearance DEF="_78">
            <Material DEF="_79" diffuseColor='0 0 0'>
            </Material>
        </Appearance>
        <Sphere DEF="_80">
        </Sphere>
    </Shape>
</Transform>
<Transform DEF="_81" scale='0.6349869 0.2037954 0.5680892' translation='0.0364643 0.4500331 0.3615079'>
```

```
            <Shape DEF="_82">
                <Appearance DEF="_83">
                    <Material DEF="_84" diffuseColor='1 0.8352941 0'>
                    </Material>
                </Appearance>
                <Sphere DEF="_85">
                </Sphere>
            </Shape>
        </Transform>
    </Scene>
</X3D>
```

　　利用基本几何节点创建卡通 3D QQ 造型，并对模型的各个部分进行材质着色。最终的卡通 3D QQ 造型，如图 7-9 所示。

图 7-9　最终的卡通 3D QQ 造型

3. 卡通车案例

　　利用 X3D 虚拟 / 增强现实技术的基本几何节点创建生动、逼真、鲜活的三维立体造型，使用 X3D 节点、背景节点、坐标变换节点、模型节点以及几何节点进行设计和开发，利用基本几何节点实现三维立体空间模型，利用球体节点、圆柱体节点、立方体节点、材质颜色节点等创建一个 X3D 卡通车造型。

扫码看视频

　　卡通车造型设计步骤如下：

　　第一步：在 Scene 场景节点中插入 Background 背景节点。

　　第二步：加入 Viewpoint 视点节点。

　　第三步：利用坐标换变换节点对几何节点进行定位、旋转、缩放

　　第四步：使用 Shape 模型节点和基本几何节点创建 3D 卡通车模型。

　　第五步：利用材质节点进行基本几何节点颜色绘制。

　　启动 BS Content 集成开发环境，在 X3D 场景交互设计场景中，双击"px3d7-7- 综合案例设计 -- 卡通车"文件即可运行 X3D 卡通车造型，如图 7-10 所示。

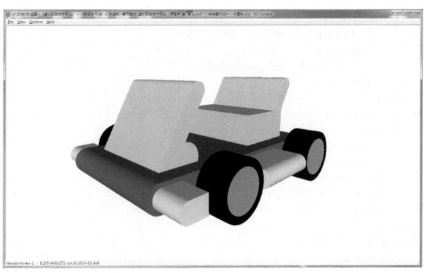

图 7-10　X3D 卡通车造型

【案例 7-7】利用 Background 背景节点、Viewpoint 视点节点、Transform 空间坐标变换节点、Shape 空间物体造型模型节点、Appearance 外观子节点、Material 外观材料节点以及基本几何节点在三维立体空间背景下创建一个 X3D 卡通车造型。X3D 卡通车造型文件 px3d7-7- 综合案例设计 .x3d 中的源代码如下：

```
<Scene>
    <Background skyColor="0.98 0.98 0.98"/>
    <Viewpoint description="view-1" position="10 0 10" orientation="0 1 0 0.785"/>
    <! -- X3D 卡通车前挡和座椅 -->
    <Transform  DEF="by" rotation="1 0 0 -0.524" >
        <Transform translation="0 0.2 1.8" rotation="0 0 1 1.571" scale="1 1 1">
          <Shape>
            <Appearance>
                <Material diffuseColor="0.8 0.8 1.8"/>
              </Appearance>
              <Cylinder height="2.8" radius="0.2"/>
            </Shape>
          </Transform>
    <Transform translation="0 -0.9 1.8" rotation="0 0 1 1.571" scale="1 1 1">
          <Shape>
            <Appearance>
                <Material diffuseColor="0.8 0.8 1.8"/>
              </Appearance>
              <Box size="2.2 2.8 0.4"/>
            </Shape>
          </Transform>
    </Transform>
    <Transform  translation="0 0 -4" scale="1 1 1">
          <Transform USE="by"/>
          </Transform>
    <Transform translation="0 -0.5 1.9" rotation="0 0 1 -1.571" scale="1 1 1">
          <Shape>
```

```
            <Appearance>
                <Material diffuseColor="0.8 0.8 1.8"/>
            </Appearance>
            <Cylinder height="2.8" radius="0.4"/>
        </Shape>
    </Transform>
    <Transform translation="0 -0.25 -1.4" rotation="0 0 1 1.571" scale="1 1 1">
        <Shape>
            <Appearance>
                <Material diffuseColor="0.8 0.8 1.8"/>
            </Appearance>
            <Box size="1.0 2.8 1.8"/>
        </Shape>
    </Transform>
    <!--X3D 卡通车主体车架 -->
    <Transform translation="0 -1 0">
        <Shape>
            <Appearance>
                <Material diffuseColor="0.5 0 0"/>
            </Appearance>
            <Box size="3.8 0.7 6"/>
        </Shape>
    </Transform>
    <Transform translation="0 -1 3" rotation="0 0 1 1.571">
        <Shape>
            <Appearance>
                <Material diffuseColor="0.5 0 0"/>
            </Appearance>
            <Cylinder height="3.8" radius="0.35"/>
        </Shape>
    </Transform>
```

X3D 卡通车主体车架、风挡、座椅 3D 模型，如图 7-11 所示。

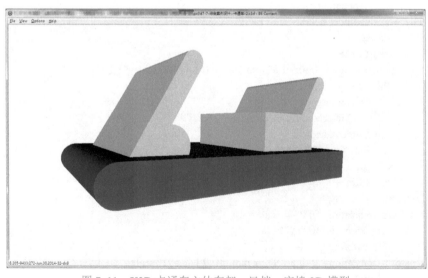

图 7-11　X3D 卡通车主体车架、风挡、座椅 3D 模型

对应源代码如下：

```
<! -- X3D 卡通车底盘和保险杠 -->
<Transform DEF="b">
<Transform DEF="a" translation="-2.5 -1 1.5" >
<Transform translation="0 0 0" rotation="0 0 -1 1.57" scale="0.25 0.25 0.25">
    <Shape>
        <Cylinder bottom="true" height="3" radius="3" />
        <Appearance DEF="Cammi">
          <Material diffuseColor="0 0 0"/>
        </Appearance>
    </Shape>
</Transform>
<Transform translation="0 0 0" rotation="0 0 -1 1.57"  scale="0.25 0.25 0.25">
    <Shape>
        <Cylinder bottom="true" height="3.1" radius="2.2" />
        <Appearance DEF="Cammi">
          <Material diffuseColor="1 0 0"/>
        </Appearance>
    </Shape>
</Transform>
  <Transform  translation="5 0 0">
    <Transform USE="a"/>
  </Transform>
<Transform translation="0 -1.0 1.5" rotation="0 0 -1 1.57"  scale="0.25 0.25 0.25">
    <Shape>
        <Cylinder bottom="true" height="18.5" radius="0.6" />
        <Appearance DEF="Cammi">
            <Material diffuseColor="0.5 0 0"/>
        </Appearance>
    </Shape>
</Transform>
<Transform  translation="0 0 -3.5" scale="1 1 1">
        <Transform USE="b"/>
</Transform>
<!-- X3D 卡通车 4 个车轮子和 2 个车轴 -->
<Transform translation="0 -1 2.7">
    <Shape>
        <Appearance>
            <Material diffuseColor="1 1 0"/>
        </Appearance>
        <Box size="5.5 0.5 0.5"/>
    </Shape>
</Transform>
<Transform translation="0 -1 2.95" rotation="0 0 1 1.571">
    <Shape>
      <Appearance>
          <Material diffuseColor="1 1 0"/>
      </Appearance>
      <Cylinder height="5.5" radius="0.25"/>
    </Shape>
```

```
      </Transform>
<Transform translation="0 -1 -0.25">
    <Shape>
      <Appearance>
        <Material diffuseColor="1 1 0"/>
      </Appearance>
      <Box size="5.5 0.5 1.8"/>
    </Shape>
</Transform>
<Transform translation="2.75 -1 -0.25" rotation="1 0 0 1.571">
    <Shape>
      <Appearance>
        <Material diffuseColor="1 1 0"/>
      </Appearance>
      <Cylinder height="1.8" radius="0.25"/>
    </Shape>
</Transform>
<Transform translation="-2.75 -1 -0.25" rotation="1 0 0 1.571">
    <Shape>
      <Appearance>
        <Material diffuseColor="1 1 0"/>
      </Appearance>
      <Cylinder height="1.8" radius="0.25"/>
    </Shape>
</Transform>
</Scene>
```

X3D 卡通车底盘、保险杠、4 个车轮子以及 2 个车轴的 3D 模型，如图 7-12 所示。

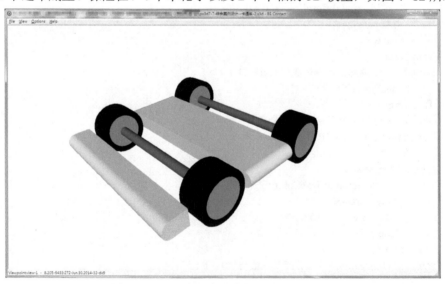

图 7-12　X3D 卡通车底盘等部件的 3D 模型

4．X3D 花园凉亭建筑案例

X3D 花园凉亭的构造主要由斜梁、横梁、立柱、檩条、望板构成。斜梁即两头不等高的梁。横梁即横向的梁，就是垂直于立柱沿建筑物短轴方向布置的

扫码看视频

梁。檩条也称檩子、桁条，垂直于屋架或椽子的水平屋顶梁，用以支撑椽子或屋面材料，檩条是横向受弯（通常是双向弯曲）构件，一般都设计成单跨简支檩条。常用的檩条有实腹式和轻钢桁架式两种。望板又称屋面板，是铺设于椽上的木板，以承托苦背屋瓦，也可直接钉于檩条之上，在其上一般铺设防水层、保温层、隔热层以及瓦片等。X3D 花园凉亭的构造如图 7-13 所示。

图 7-13　X3D 花园凉亭的构造

　　X3D 花园凉亭的结构设计主要涵盖凉亭顶盖、凉亭支架、凉亭底座等。利用 X3D 虚拟 / 增强现实技术的各种节点创建生动、逼真、鲜活的三维立体场景，使用 X3D 节点、背景节点、坐标变换节点、内联节点以及几何节点进行设计和开发，利用内联节点实现三维立体空间场景造型的设计，使用内联节点创建复杂 3D 建筑模型，实现三维立体空间复杂物体造型设计的结构化、模块化、组件化。Inline 内联节点可以通过 URL 读取外部文件中的节点，从而增强程序设计的可重用性和灵活性，给 X3D 程序设计带来更大的方便。

　　X3D 花园凉亭综合案例开发与设计步骤如下：

　　第一步：在 Scene 场景节点中，插入 Background 背景节点设计。

　　第二步：创建一个圆桌造型设计。

　　第三步：导入 6 个红色灯笼造型设计。

　　第四步：导入 X3D 花园凉亭模型设计。

　　【案例 7-8】利用 Transform 空间坐标变换、Shape 空间物体造型模型节点、Appearance 外观子节点、Material 外观材料节点、Inline 内联以及几何节点在三维立体空间背景下创建一个层次清晰结构合理的复杂三维立体组合场景和造型。虚拟现实 Inline 内联节点内嵌入一个复杂的三维立体场景设计 X3D 文件中的源代码如下：

```
<Scene>
    <!-- Scene graph nodes are added here -->
    <Background skyColor="1 1 1"/>
    <Transform translation="0.5 -2.5 -10.5" scale="1 1 1">
      <Shape DEF="sp">
        <Appearance>
          <Material ambientIntensity="0.4" diffuseColor="0.5 0.5 0.5"/>
```

```
            </Appearance>
            <Cylinder bottom="true" height="1.8" radius="0.5" side="true" top="true"/>
        </Shape>
    </Transform>
    <Transform translation="0.5 -1.5 -10.5" scale="1 1 1">
        <Shape >
            <Appearance>
                <Material ambientIntensity="0.4" diffuseColor="0.5 0.5 0.5"/>
            </Appearance>
            <Cylinder bottom="true" height="0.5" radius="1" side="true" top="true"/>
        </Shape>
    </Transform>
    <!-- 导入灯笼造型 -->
    <Transform rotation="0 0 1 0" scale="0.35 0.35 0.35" translation="7 3.2 -10.7">
        <Inline url="px3d7-8-1.x3d"/>
    </Transform>
    <Transform rotation="0 0 1 0" scale="0.35 0.35 0.35" translation="-5.9 3.2 -10.7">
        <Inline url="px3d7-8-1.x3d"/>
    </Transform>
    <Transform rotation="0 0 1 0" scale="0.35 0.35 0.35" translation="3.7 3.2 -16.2">
        <Inline url="px3d7-8-1.x3d"/>
    </Transform>
    <Transform rotation="0 0 1 0" scale="0.35 0.35 0.35" translation="-2.7 3.2 -16.2">
        <Inline url="px3d7-8-1.x3d"/>
    </Transform>
    <Transform rotation="0 0 1 0" scale="0.35 0.35 0.35" translation="3.7 3.2 -5.2">
        <Inline url="px3d7-8-1.x3d"/>
    </Transform>
    <Transform rotation="0 0 1 0" scale="0.35 0.35 0.35" translation="-2.6 3.2 -5.2">
        <Inline url="px3d7-8-1.x3d"/>
    </Transform>
    <!-- 导入 X3D 花园凉亭造型 -->
    <Transform rotation="0 0 1 0" scale="0.05 0.05 0.05" translation="0 -5 -10">
        <Inline url="px3d7-8-2.x3d"/>
    </Transform>
</Scene>
</X3D>
```

在 X3D 花园凉亭源文件中添加 Background 背景节点、Transform 坐标变换、Inline 内联节点和 Shape 模型节点。背景节点的颜色取浅灰白色，以突出三维立体几何造型的显示效果。利用 Inline 内联节点实现组件化、模块化的设计效果，此外增加了 Appearance 外观节点和 Material 材料节点，对物体造型的外观颜色、物体发光颜色、外观材料的亮度以及透明度进行设置。

三维立体造型设计运行时，首先启动 BS_Contact_VRML/X3D 浏览器，然后打开相应的程序文件，运行虚拟现实 Inline 内联节点，创建一个模块化和组件化的三维立体空间场景造型。在场景中利用 Inline 内联节点嵌入立体造型程序运行结果。X3D 花园凉亭建筑设计效果如图 7-14 所示。

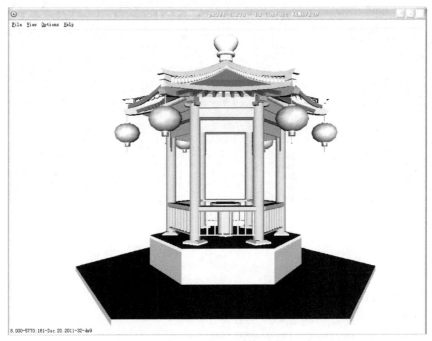

图 7-14　X3D 花园凉亭建筑设计效果

小　　结

　　X3D 是 Web3D 联盟国际组织开发的交互设计技术，是一款免费开源的跨平台前沿技术，是第一款利用程序编码创建三维模型和动画的平台。在学习 X3D 虚拟 / 增强现实技术时，要具备一定的编程基础，如 C、C++、Java、Java2、网页设计等。从基础入手学习 X3D 基本几何节点、复杂节点、组节点、材质纹理节点、动画节点以及智能 AI 感知节点等。由浅入深、循序渐进一步一个脚印，踏踏实实地掌握基本语法、节点、程序的结构，最终实现 X3D 虚拟 / 增强现实技术项目开发。

第8章 Unity3D 虚拟仿真游戏开发

学习目标

○ 了解 Unity3D 虚拟仿真引擎
○ 理解 Unity3D 虚拟仿真引擎开发与设计
○ 掌握 Unity3D 虚拟仿真引擎案例设计方法

Unity3D 是由 Unity Technologies 公司开发设计，主要应用于三维视频游戏、建筑可视化、实时三维动画、VR/AR 虚拟 / 增强现实技术等互动类型的多平台的综合型仿真游戏开发平台和工具，是一个全面整合的专业仿真游戏引擎。Unity3D 类似于 Director、Blender3D 游戏引擎、Virtools 仿真引擎以及 Torque Game Builder2D 游戏制作软件等利用交互的图形化开发环境为首要方式的软件。其集成开发环境可运行在 Windows、Linux、Mac OS X 等操作系统下，可发布游戏至 Windows、Mac、Wii、iPhone、WebGL、Windows phone 8 和 Android 平台，也可以利用 Unity web player 插件发布网页游戏，支持在 Mac 和 Windows 系统下的网页中进行浏览。

Unity3D 游戏引擎的功能特点：

1）可视化编程界面完成各种开发工作，高效脚本编辑，方便开发与设计。

2）支持大部分 3D 模型、骨骼和动画直接导入，贴图材质自动转换为 Unity3D 格式。

3）只需一键即可完成作品的多开发和部署任务。

4）底层支持 OpenGL 和 Direct 11，简单而实用的物理引擎、高质量粒子系统等，轻松上手、效果逼真。

5）支持 JavaScript、C#、Boo 脚本语言。

6）性能卓越，开发效率出类拔萃，极具性价比优势。

7）支持从单机应用到大型多人联网游戏的开发与设计。

8）跨平台、多接口能力极强，适合于任何开发平台和应用领域。

Unity3D 仿真游戏交互技术与 Blender 游戏引擎无缝对接，把 Blender3D 模型、材质、纹理、动画、物理特效等功能直接导入 Unity3D 仿真游戏交互场景中使用，减少了二次开发与调整的时间，极大地提高了 Unity3D 仿真游戏交互技术项目开发的效率。Unity3D 虚拟 / 增强现实开发平台如图 8-1 所示。

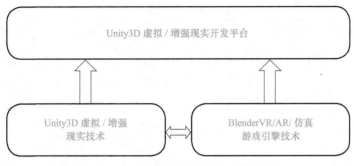

图 8-1 Unity3D 虚拟 / 增强现实开发平台

8.1 Unity3D 虚拟仿真引擎简介

Unity3D 是一款功能强大、界面优雅而简单的集成编辑器和游戏引擎，为开发者提供了创建和发布一款游戏所必要的工具，无论是要开发一款 3D 战略游戏还是 2D 休闲游戏，Unity3D 所有的功能都有不同的、带有标签的窗口视图，每个视图都提供了不同的编辑和操作功能，以帮助开发者完成游戏开发任务。

扫码看视频

Unity3D 集成开发环境主要包括标题栏、菜单栏、工具栏、场景视图、游戏视图、项目浏览器视图、层级面板视图、检视面板显示等，如图 8-2 所示。

Unity3D 集成开发环境的主编辑界面涵盖 Toolbar 工具栏、Scene View 场景视图、Game View 游戏视图、Project Browser 项目浏览器视图、Hierarchy 层级面板视图、Inspector 检视面板以及 Other Views 其他视图等。

工具栏包括 4 项基本控制，分别控制编辑器的不同部分，包括控制场景中的物体使其移动、缩放、旋转等；对游戏场景进行播放、暂停、继续播放等；控制哪层对象显示在场景视图中；控制编辑器界面的视图布局等。

场景视图，在游戏场景中可以使用场景视图来选择和定位游戏场景环境、玩家、相机、敌人以及其他游戏对象，把游戏场景中所需要的模型、灯光以及其他材质对象拖放到游戏场景中，构建游戏中所能呈现的景象。

游戏视图，该面板是用来渲染游戏场景面板中的景象的，该面板不能用作编辑，但却可以呈现完整的游戏动画效果。

项目浏览器视图，主要功能是显示该项目文件中的所有资源列表，除了模型、材质、字体等之外，还包括该项目的各个场景文件。

层级面板视图包括所有在当前游戏场景中的游戏对象，可以在层级面板中选择和拖拽一个对象到另一个对象上来创建父子级。在场景中添加和删除对象时，它们会在层级面板中出现或消失。

检视面板显示，呈现在检视面板的任何属性可以直接修改，包括三维坐标、旋转量、缩放大小、脚本的变量和对象等。

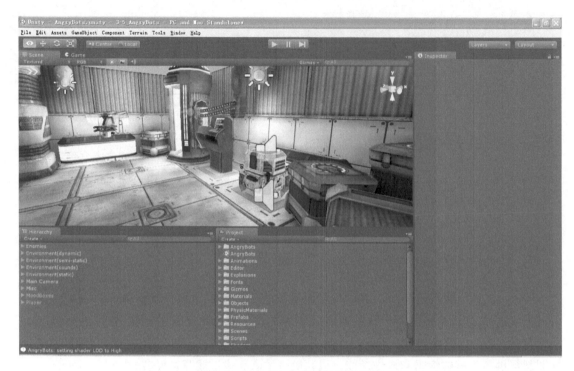

图 8-2　Unity3D 集成开发环境界面

8.1.1　Unity3D 集成开发环境界面

1．Unity3D 标题栏

在标题栏中最左边是 Unity 专用图标，接下来是 Unity3D 项目名称，如案例 1.unity。右侧有常见的"最小化""最大化"和"关闭"按钮，单击不同的按钮，执行不同的操作。如图 8-3 所示。

图 8-3　Unity3D 标题栏

2．Unity3D 菜单栏

Unity3D 菜单栏中包含 9 个菜单选项：File（文件）、Edit（编辑）、Assets（资源）、GameObject（游戏对象）、Component（组件）、Terrain（地形）、Tools（工具）、Window（窗口）以及 Help（帮助），如图 8-4 所示。

> File **Edit** Assets GameObject Component Terrain Tools Window Help

图 8-4　Unity3D 菜单栏

（1）File

在 Unity3D 菜单栏中的 File（文件）功能是打开和保存场景、项目以及创建游戏。在游戏开发的过程中，要熟练掌握和操作这些功能。如图 8-5 所示。

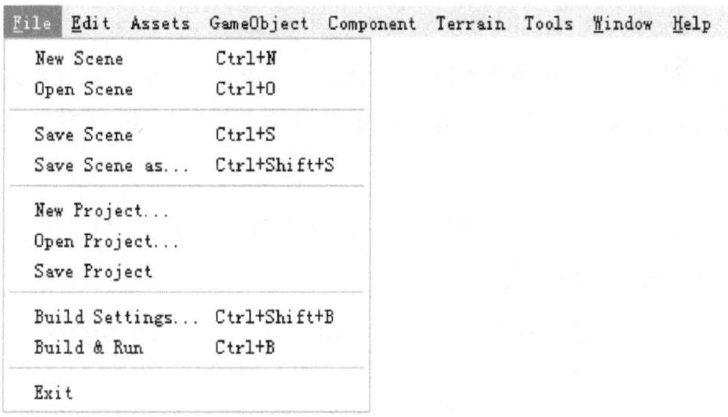

图 8-5　Unity3D 集成开发环境 File（文件）菜单界面

File（文件）菜单功能包括 New Scene（新建场景）、Open Scene（打开场景）、Save Scene（保存场景）、Save Scene as…（场景另存为）、New Project…（新建工程文件）、Open Project…（打开工程文件）、Save Project…（保存工程文件）、Build Settings…（构建游戏设置）、Build & Run（构建并运行游戏）以及 Exit（退出）等。

（2）Edit

在 Unity3D 菜单栏中的 Edit（编辑）功能是实现复制、粘贴、剪切、撤销、播放、暂停等功能，以及选择相应的设置，如图 8-6 所示。在游戏开发的过程中，要熟练掌握和操作这些功能。

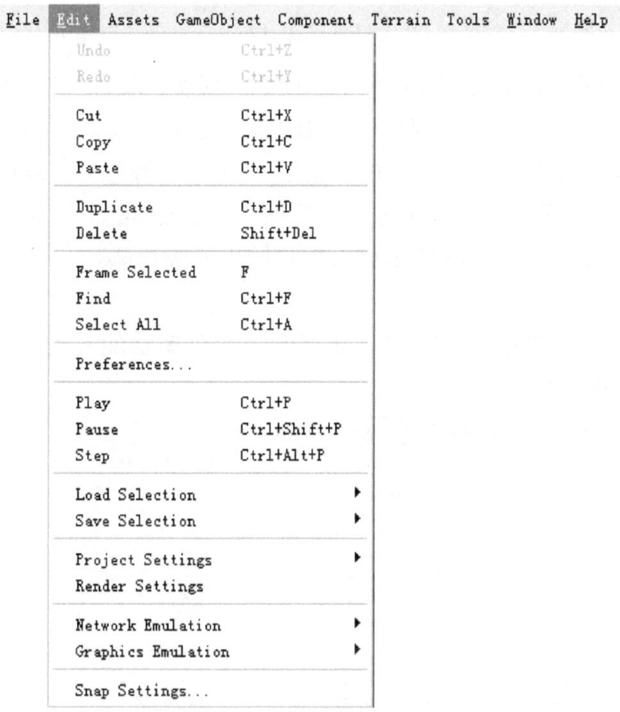

图 8-6　Unity3D 集成开发环境 Edit（编辑）菜单界面

Edit（编辑）菜单包括 Undo（撤销）、Redo（重复）、Cut（剪切）、Copy（复制）、Paste（粘贴）、Duplicate（复制并粘贴）、Delete（删除）、Frame Selected（摄像机镜头移动到所选的物体前）、Select All（全选）、Preferences（首选参数设置）、Play（播放）、

Pause（暂停）、Step（单帧）、Load Selection（加载选择）、Save Selection（存储选择）、Project Settings（项目设置）、Render Settings（渲染设置）、Graphics Emulation（图形仿真）、Network Emulation（网络仿真）、Snap Settings（对齐环境）等功能。

（3）Assets

在 Unity3D 菜单栏中的 Assets（资源）菜单可以实现资源的创建、导入、导出、刷新以及同步相关的所有功能，如图 8-7 所示。

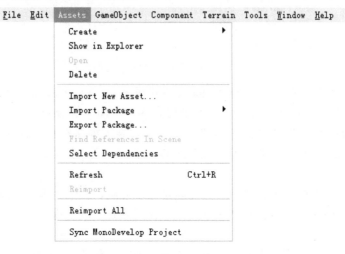

图 8-7　Unity3D 集成开发环境 Assets（资源）菜单界面

Assets（资源）包括 Create（创建；包含文件夹、材质、脚本等）、Show in Explorer（显示项目资源所在的文件夹）、Open（打开）、Delete、Import New Asset...（导入新的资源）、Import Package（导入资源包）、Export Package...（导出资源包）、Select Dependencies（选择相关）、Refresh（刷新）、Reimport（重新导入）、Reimport All（重新导入所有）、Sync MonoDevelop Project（与 MonoDevelop 项目同步）等功能。

（4）GameObject

在 Unity3D 菜单栏中的 GameObject（游戏对象）菜单功能是创建、显示游戏对象以及建立父子关系，如图 8-8 所示。

图 8-8　Unity3D 集成开发环境 GameObject（游戏对象）菜单界面

GameObject（游戏对象）包括 Create Empty（创建一个空对象）、Create Other（创建其他组件）、Center On Children（子物体归位到父物体中心点）、Make Parent（创建子父集）、Clear Parent（取消子父集）、Apply Changes To Prefab（应用改变一个预置）、Move To View（移动物体到视窗的中心点）、Align With View（移动物体与视窗对齐）、Align View to Selected（移动视窗与物体对齐）等功能。

（5）Component

在 Unity3D 菜单栏中的 Component（组件）菜单是为游戏对象创建新的组建或属性，如图 8-9 所示。

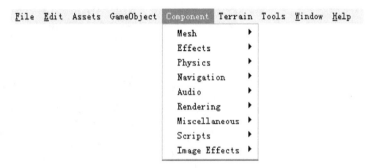

图 8-9　Unity3D 集成开发环境 Component（组件）菜单界面

Component（组件）包括 Mesh（网格）、Effects（特效）、Physics（物理系统）、Navigation（导航）、Audio（音频）、Rendering（渲染）、Miscellaneous（杂项）、Scripts（脚本）、Image Effects（图像特效）等功能。

（6）Terrain

Unity3D 菜单栏中的 Terrain（地形）菜单是创建一个系统自带的地形系统，即为游戏场景创建地形并编辑，导入、导出、展平高度图，为场景批量植树等，如图 8-10 所示。

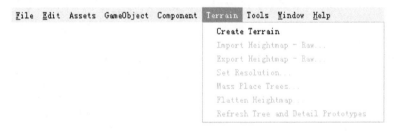

图 8-10　Unity3D 集成开发环境 Terrain（地形）菜单界面

Terrain（地形）包括 Create Terrain（创建地形）、Import Heightmap-Raw…（导入高度图）、Export Heightmap-Raw…（导出高度图）、Set Resolution…（设置分辨率）、Mass Place Trees…（批量种植树）、Flatten Heightmap…（展平高度图）、Refresh Tree and Detail Prototypes（刷新树及预置细节）等功能。

（7）Tools

在 Unity3D 菜单栏中的 Tools（工具）菜单包括 Standard Editer Tools（标准编辑工具）、Check valid shaders（检测有效着色器）、CopyMoodBox（复制框）、Clean Project（清理项目）、Tweak reflection mask（调整反射遮罩）、Reveal Mesh Colliders（显示网格碰撞器）、

Transform Copier（转换复制器）、PasteMoodBox（插入情景框）、Export（导出）、Sample Animation On Selected（选定示例动画）、Use Only Unlit Shaders（仅使用未照明的着色器）、Assign Closest Patrol Routes（指定最近巡查路线）、Replace Prefab Instances（替换预设实例），如图 8-11 所示。

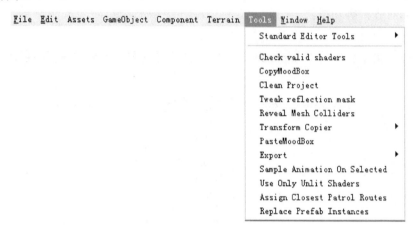

图 8-11　Unity3D 集成开发环境 Tools（工具）菜单界面

（8）Window

在 Unity3D 菜单栏中的 Window（窗口）菜单功能包括 Next Window（窗口切换）、Previous Window（窗口的重新布局）、Scene（场景窗口）、Game（游戏窗口）、Inspector（检视窗口）、Hierarchy（层次窗口）、Project（工程窗口）、Animation（动画窗口）、Asset Server（资源服务器控制）等，如图 8-12 所示。

图 8-12　Unity3D 集成开发环境 Window（窗口）菜单界面

（9）Help

在 Unity3D 菜单栏中的 Help（帮助）菜单功能包括 About Unity…（关于 Unity）、Enter serial number…（输入序列号）、Unity Manual（Unity 手册）、Reference Manual（参考手册）、

Scripting Reference（脚本手册）、Unity Forum（Unity 论坛）、Welcome Screen（欢迎窗口）、Release Notes（发行说明）以及 Report a Bug（问题反馈）功能等，如图 8-13 所示。

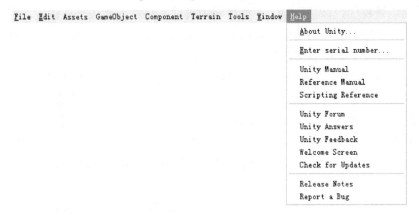

图 8-13　Unity3D 集成开发环境 Help（帮助）菜单界面

8.1.2　Unity3D 工具栏

工具栏位于菜单栏的下方，主要包括交换工具、变换 Gizmo 切换、播放控件、分层下拉列表和布局下拉列表，如图 8-14 所示。

图 8-14　Unity3D 工具栏

交换工具：在场景设计面板中用来控制和操作对象，其中包含 Hand（移动）工具、Translate（平移）工具、Rotate（旋转）工具以及 Scale（缩放）工具。

变换 Gizmo 切换：改变场景设计面板中 Translate 工具的工作方式，包含两个按钮，第一个按钮是切换轴心点，第二个按钮是切换全局和局部坐标。

播放控件：用来在编辑器内开始或暂停游戏的测试。

分层下拉列表：控制哪层对象显示在场景视图中，对任何给定时刻在场景设计面板中显示哪些特定的对象。

布局下拉列表：控制所有视图布局，可以改变窗口和视图的布局，并且可以保存所创建的任意自定义布局。

8.1.3　场景设计面板

场景设计面板（即场景视图编辑器）是游戏场景交互场所，使用场景视图编辑器对游戏对象列表中的所有物体进行移位、操纵和放置，可以选择和定位环境和对象，设置摄像机导航，构建游戏玩家、NPC、怪物以及其他游戏对象。场景视图导航利用键盘、鼠标、功能键、场景游戏手柄等工具快速浏览并控制游戏场景和对象。

利用键盘上的方向键（上、下、左、右）来移动控制场景，在游戏场景中行走路浏览，按住 <Shift> 键可移动得更快。

利用鼠标来移动控制游戏场景，在场景视图中一个非常关键的操作是场景与对象的旋转、移动和缩放。利用鼠标旋转场景视图，按住 <Alt> 键并拖动鼠标绕当前轴点旋转镜头。利用鼠标移动场景视图，按住 <Alt> 键和鼠标中键并拖动进行镜头平移镜头。利用鼠标缩放场景视图，按住 <Alt> 键并拖动鼠标右键来缩放镜头。在工具栏中选择手形工具（快捷键是 <Q>），利用鼠标控制场景视图，具体操作如下：

1）单击工具栏中的小手图标 ，在场景中再单击拖动镜头。

2）接着按住 <Alt> 键并拖动鼠标来旋转当前镜头，图标变为 。

3）继续按住 <Alt> 键并右击拖动鼠标来缩放镜头视野，图标变为 。

使用漫游模式浏览游戏场景，该模式可以让使用者以第一人称视角来浏览游戏场景。可以使用鼠标和 <W><A><S><D> 键控制前后左右，<Q> 和 <E> 键控制上下来移动视图，按 <Shift> 键移动得更快。

利用游戏场景手柄工具改变场景视角，在场景视图右上角是场景手柄工具，显示场景视图的当前视角方向，可以用它快速修改场景视角，还可以利用 Persp 透视模式和正交模式来切换游戏场景和对象。

可以单击方向杆更改场景为该方向的正交模式。在正交模式中，可以右击并拖动鼠标来旋转，也可以按住 <Alt> 键拖动鼠标来平移。退出正交模式可按一下手柄工具的中间小方块便进入 Persp 透视模式，也可以随时按住 <Shift> 键并单击手柄工具中间小方块来切换正交模式。

全屏模式：按 <Space> 键，可以使当前激活的视图占据编辑器所有可用显示空间，再次按下它可以返回之前的布局，如图 8-15 所示。

图 8-15　场景设计面板全屏模式

· 146 ·

高级场景视图控制，可以查看场景视图的不同视图模式的纹理、线框、RGB、透视以及其他，也可以看到游戏中的灯光、游戏元素和试听模式等。场景视图控制可以选择各种纹理绘制模式、渲染模式、查看场景中的各种选项，还可以控制场景照明、场景叠加、试听模式以及搜索栏等。这些控制仅影响开发过程中的场景视图，并不影响最终编译的游戏，如图8-16所示。

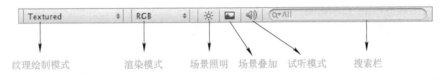

图 8-16 高级场景视图控制

8.1.4 游戏视图

游戏视图位于场景视图标签的旁边，是由游戏的摄像机渲染的，在游戏最终完成并发布后进行游戏的渲染。可以在任何时候使用游戏视图在编辑器内测试或者调试游戏程序，而不需要停下来构建任何场景和对象。可以使用一个或多个摄像机来控制游戏中的场景。

游戏视图控制栏包括 Free Aspect（任意显示比例）、Maximize on Play（最大化全屏预览）、Stats（数据渲染）以及 Gizmos（工具）。

Free Aspect（任意显示比例）可以实时改变游戏窗口显示比例，强制改变游戏视图窗口的宽高比。当需要为不同大小的屏幕制作 GUI 时，这会非常方便和有效，如图8-17所示。

图 8-17 游戏视图 Free Aspect（任意显示比例）

Maximize on Play（最大化全屏预览）在开始运行游戏时把游戏视窗扩大到编辑器窗口

的整个区域，实现 100% 最大化全屏预览。

Stats（数据渲染）显示渲染状态统计窗口，用于监控游戏的图形性能。当优化游戏时，这是非常有用的。

Gizmos（工具）会弹出菜单显示各种不同类型的游戏中绘制和渲染的所有工具组件。如果启用该功能，则所有显示在场景视图中的 Gizmos 也将在游戏视图中显示，包括所有使用 Gizmos 类函数绘制的 Gizmos。

8.1.5　项目浏览视图

在项目浏览视图中可以访问和管理所有项目文件，包括脚本、场景、对象、材质、子文件夹以及其他文件等。把这些文件都组织到一个 Project 文件夹中，其下是各个资源文件夹、开发人员创建的对象以及导入的资源，如动画、编辑、标准资源、声音、纹理、树木等。项目浏览视图显示 Project 文件夹及其所包含的资源文件夹和创建的对象。在项目浏览视图列表中右击会弹出一个菜单，可以导入资源、包，外部项目控制器同步，还可以进行创建、打开以及删除等操作，如图 8-18 所示。

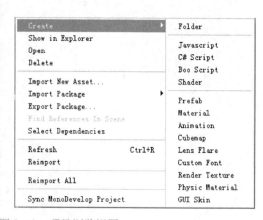

图 8-18　项目浏览视图

项目浏览视图列表显示了工程项目的全部资源，这些资源在项目浏览视图列表中的组织方式与系统导入的资源组织方式完全一样。文件夹左边的箭头表示这是一个嵌套层，单击这个箭头会展开该文件夹的内容。在项目浏览视图列表中，单击或拖拽相应对象，可以在不同文件夹中移动和组织文件。

在项目浏览视图列表中直接打开文件，可以对其进行编辑工作。如果对 Unity3D 对象进行调整和修改，可以双击在编辑器中打开它，也可以把文件保存或导入到项目中。

项目浏览视图的浏览器有一个功能强大的搜索工具。如果项目浏览视图列表中包含的文件过多，可在项目中搜索栏中输入文件名字，以便在项目各个层级子目录中进行快速查找。

8.1.6 层级面板视图

层级（Hierarchy）面板视图包括所有在当前游戏场景中用到的对象，场景中的这些对象是按字母顺序排列的。在游戏中可以添加或删除对象，在层级面板列表中会随着每次的修改而进行更新。在层级面板上右击可以复制、粘贴、更名和删除对象，也可以在列表中选择一个对象并按<Delete>键直接删除，如图8-19所示。

Unity3D使用了一个概念——父子级（Parenting）是使某个对象成为另一个对象的子级。在层级面板列表中为对象建立父子关系，在层级面板拖拽所需的子对象到所需的父对象上，子对象将继承父对象的移动和旋转，可以使用父对象的折叠箭头来显示隐藏字对象。可以在层级面板

图8-19 层级面板视图

中选择和拖拽一个对象到另一个对象上来创建父子级，对其进行组织并使游戏的编辑、修改更为简单快捷和方便。

8.1.7 检视面板

检视面板（Inspector）显示了当前选定的游戏对象的相关信息，包括所有附加组件及其属性的详细信息，可以了解更多的游戏物体组件之间的关系，可以修改在场景中游戏对象的属性功能。Unity3D游戏是由多个游戏对象构成的，在检视面板中包含网格、脚本、声音或其他图形元素等各种信息，如图8-20所示。

检视面板的任何属性都可以直接修改，即使是脚本变量也可以在检视面板运行时修改变量，进行游戏调试。在脚本中如果定义了一个公共变量的对象类型，如游戏物体或变换，可以拖动一个游戏物体到检视面板对应的槽，也可以单击检视面板任何组件名称旁边的问号（"帮助"按钮）来打开组件参考页面，可查看Unity的组件参考手册中Unity组件指南。还可以单击小齿轮图标（或右击该组件名称条），弹出组件具体的上下文菜单。检视面板也将显示任意选定的资源文件中的导入设置，单击"应用"按钮重新导入资源。

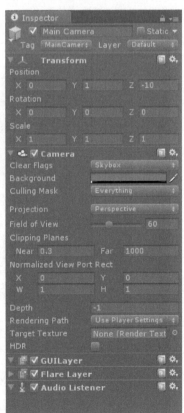

图8-20 检视面板

8.2 Unity3D 虚拟仿真地形设计

Unity 虚拟仿真引擎开发与设计主要应用在游戏地形
设计中,需要掌握创建地形地貌、绘制地形及地形修饰等。
此外还要对 3D 游戏场景中的事物进行合理添加与处理,

扫码看视频　　　扫码看视频

如在仿真游戏地形场景中添加森林、树木、花草以及河流等,还可以添加建筑物、桥梁、
人物及道具等。

1. 地形引擎

Unity3D 提供了智能化的游戏地形引擎,可利用该引擎快速创建山脉、河流、山谷等自
然景观。地形引擎涵盖地形地貌的创建和地形纹理等技术细节,包括有关使用地形最基本的
信息、创建地形、地形工具和刷子使用,可使用不同的工具和笔刷来改变地形高度,为不同
地形地貌绘制地形纹理,还可以在地形上添加和绘制树木。

在使用 Unity3D 地形引擎前,需要先导入地形资源包,也可以把所有 Unity3D 自带的
资源包全部导入。

在 Unity3D 集成开发环境中,选择主菜单中的“Assets(资源)”→“Import Package(导
入包)”→“Terrain Assets(地形资源)”命令,单击“All(全部)”按钮全选,再单击
“Import(导入)”按钮导入全部地形,如图 8-21 所示,然后再进行游戏地形和地貌创
建和编辑。

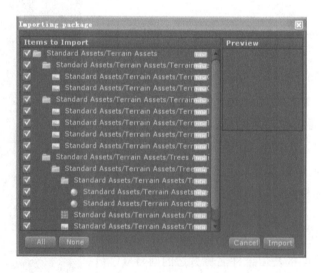

图 8-21　导入全部游戏地形资源

2. 创建地形

在主菜单中选择“Terrain(地形)”→“Create Terrain(创建地形)”命令创建地形,
在“Hierarchy”层级视图面板中出现了新的选项“Terrain”,创建地形地貌初始状态效果如
图 8-22 所示。

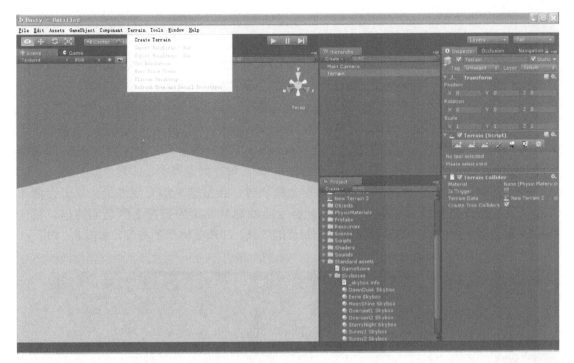

图 8-22　创建地形地貌初始状态效果

3．编辑地形

在 Unity3D 地形编辑中除了可以使用高度图使地形产生高低变化，还可以使用地形编辑器对地形进行编辑。完成游戏地形地貌创建后，在"Hierarchy（层级面板视图）"中，选中"Terrain（地形）"，在"Inspector（检视面板）"中显示"Terrain（地形）"的详细信息，如图 8-23 所示。

扫码看视频

在"Inspector（检视面板）"中，把 Transform 属性中的 Position 坐标值改为 x：–1500，y：0，z：–1500，对齐到世界中心，其他值不变。在 Terrain（Script）属性下面有不同地形工具，这些工具可以用来升高和降低地形、平滑处理、绘制纹理、附加细节等。可以直接单击这些工具即可激活相应功能。这些功能大部分以笔刷的形式来使用。在 Inspector（检视面板）中，选择"画笔"工具，当单击"笔刷"时，会显示一个当前选中的笔刷预览。笔刷通用设置包括 Brush Size（笔刷大小）、Opacity（笔刷透明效果）和 Target Strength（笔刷的力度）。

图 8-23　地形编辑器属性面板

4．构建地形设计案例分析

提升和降低地形高度设计是利用地形编辑工具中的提升高度编辑按钮来完成的。具体设计步骤如下：

1）在主菜单中选择"File（文件）"→"New Scene（新场景）"命令创建一个新的游戏场景。接着在主菜单中选择"Terrain（地形）"→"Create Terrain（创建地形）命令"菜

单创建地形。在"Inspector（检视面板）"中显示"Terrain（地形）"的相关信息，其中包括地形坐标、地形编辑工具条以及地形碰撞等功能设置。

2）导入地形资源包，也可以把所有 Unity3D 自带的资源包全部导入。选择主菜单中的"Assets（资源）"→"Import Package（导入包）"→"Terrain Assets（地形资源）"命令，再单击"All（全部）"按钮全选，单击 Import（导入）按钮导入全部地形。

3）在"Inspector（检视面板）"中单击"Terrain（地形）"工具条中左边第一个按钮"升高地形"按钮 。在"Inspector（检视面板）"中，把 Transform 属性中的 Position 坐标值改为 x：-1500，y：0，z：-1500，对齐到世界中心，其他值不变。

4）使用这个工具（升高地形）在地形上绘制时，会根据笔触升高地形。单击会增加地形高度，保持鼠标按下状态移动鼠标光标会不断地升高地形高度直到达到峰值。按住 <Shift> 键进行前面的操作时，会得到完全相反的效果，即降低地形的高度，如图 8-24 所示。

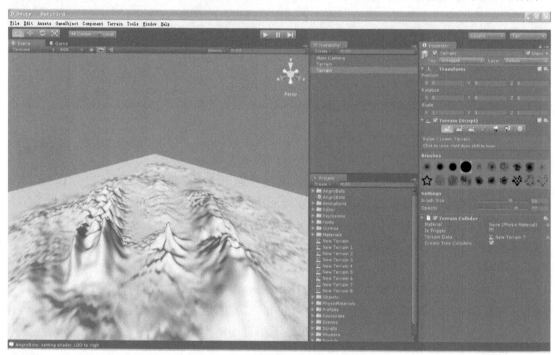

图 8-24　升高或降低地形高度

5. 地形纹理绘制

单击地形编辑器工具条中左边第 4 个"笔刷"按钮对地形进行纹理绘制 。开始绘制地形纹理之前需要添加至少一个纹理到地形上，在 Inspector 面板中，选择"画笔"工具，然后在控制面板上选择"Edit Textures（编辑纹理）"→"Add Texture（添加纹理）"命令。在弹出的对话框中添加纹理的平铺尺寸（Tile Size）和偏移量（Tile Offset），如图 8-25 所示。

单击"选择"按钮，选择一张或多张 2D 纹理。如果所选纹理过多，则可以通过查找功能快速找到需要的纹理资源。选好一个地形纹理之后，单击 Add 按钮。添加完之后，可以继续增加几个地形纹理，山脉地形纹理绘制效果如图 8-26 所示。如果要修改地形纹理，在

Inspector 面板中选择"画笔"工具，然后在控制面板上选择"Edit Textures（编辑纹理）"→"Edit Texture（编辑纹理）"命令，选择一个要更换的 2D 纹理，单击"应用"按钮即可。如果要删除地形纹理，则选择"Edit Textures（编辑纹理）"→"Remove Texture（删除纹理）"即可。

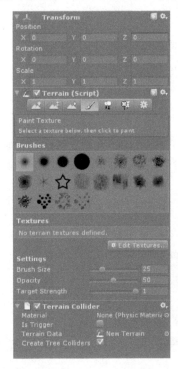

扫码看视频　　扫码看视频　　扫码看视频

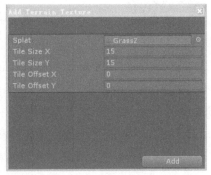

图 8-25　地形纹理设置

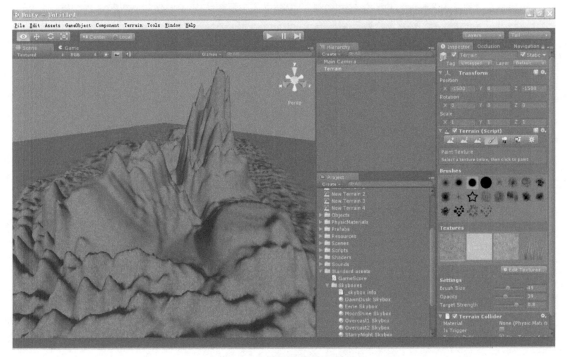

图 8-26　山脉地形纹理设置

8.3 Unity3D 虚拟仿真引擎设计案例

1. 动画设计

在 Unity3D 集成开发环境中，可以利用多个模型文件导入动画，使用动画分割导入，也可以利用 Unity3D 提供的角色资源进行动画设计。

扫码看视频　　扫码看视频

利用 Unity3D 提供的角色资源进行动画设计步骤如下：

1）启动 Unity3D 集成开发环境，在菜单栏中选择 Assets → Import Package → Character Controller 命令导入角色控制。也可以在工程文件中右击选择 Import Package → Character Controller 命令导入角色控制。

2）在菜单栏选择 GameObject → Create Other → Plane 在场景中创建一个平面。改变参数 Position 中的 Y=−2，其他不变。

3）在工程文件夹中找到 Standard Assets、Character Controller、3rd Person Controller 将其拖拽到场景中，如图 8-27 所示。

4）设置角色的各种运动姿势，在属性面板中找到动画属性中的 Animation 功能右侧的小圆圈，单击后显示静止、跳跃、跑步以及走路等运动状态。

5）选择"run"跑步运行状态，单击"运行"按钮，则角色在场景中跑动起来，如图 8-28 所示。

图 8-27　角色动画人物导入设置

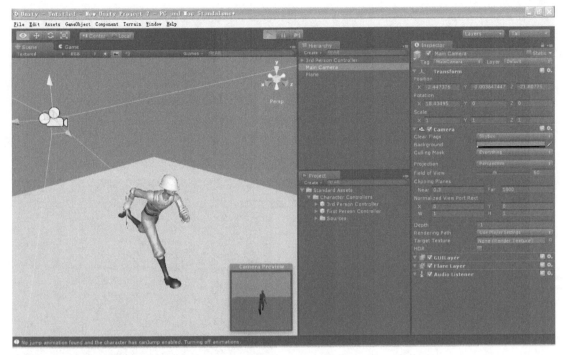

图8-28 角色在场景中运动状态效果

2. 第一人称开发设计

在Unity3D集成开发环境中封装了一个非常好用的组件来实现第一人称与第三人称视角的游戏开发，几乎不用写一行代码就可以完成所有的角色动作行为。

首先打开Unity3D游戏引擎编辑器，然后在Project视图中右击选择Import Package
→ Character Controllers命令把它导入工程文件中。第一人称与第三人称的组建已经加入Project工程文件视图中，其中First Person Controller表示第一人称控制器，而3rd Person Controller表示第三人称控制器，如图8-29所示。

图8-29 游戏角色控制器导入设置

Unity3D仿真游戏场景第一人称开发设计步骤如下：

1）创建天空盒。

在Unity3D集成开发环境主菜单中，选择"Assets（资源）"→"Import package（导入包）"→"Skyboxes（天空盒）"命令，单击"All（全部）"按钮全选，单击"Import（导入）"按钮，完成Unity3D自带天空盒资源的导入工作。

在导入Unity3D自带的天空盒资源后，通过渲染来显示天空盒背景。在主工具栏中选择"Edit（编辑）"→"Render Settings（渲染设置）"命令，然后选择Skybox Material命令来选择对应的天空盒材质。

2）创建地形。

在Unity3D集成开发环境中，选择主菜单中的"Assets（资源）"→"Import Package（导入包）"→"Terrain Assets（地形资源）"命令，单击"All（全部）"按钮全选，单击Import（导入）按钮导入全部地形。

在主菜单中选择"Terrain（地形）"→"Create Terrain（创建地形）"命令创建地形。

在"Inspector（检视面板）"中单击 Terrain 地形工具条中左边第一个按钮"升高地形"按钮 ████████。在 Inspector（检视面板）中，把 Transform 属性中的 Position 坐标值改为 x：–1500，y：0，z：–1500，对齐到世界中心，其他值不变。

使用这个工具（升高地形）在地形上绘制时，会根据笔触升高地形。

3）在 Project 视图中右击选择 Import Package → Character Controller 命令把它导入工程文件中。拖拽第一人称 First Person Controller 到场景中，如图 8-30 所示。

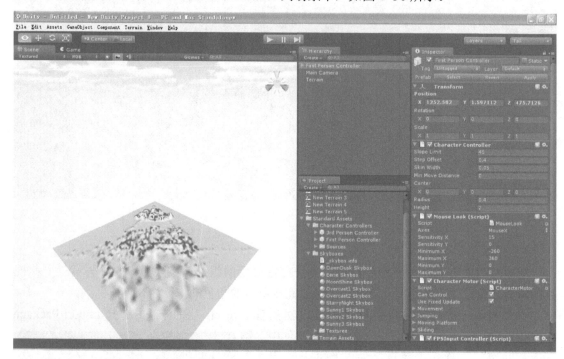

图 8-30　第一人称角色控制器设计效果

3. 第三人称开发设计

在 Project 视图中将 3rd Person Controller 拖拽入 Hierarchy 视图中。第三人称视角需要使用原有的摄像机，如果将摄像机误删，则在 Hierarchy 视图中单击 Creat → Camera 即可。然后选择摄像机，在右侧 Inspector 视图中设置它的 tag 为 MainCamera。最后在 Hierarchy 视图中选择 3rd Person Controller，在右侧 Inspector 视图中将 Third Person Camera 脚本的 Camera Transform 变量绑定上创建的主摄像机，此时运行游戏后以第三人称视角移动主角站立、行走与跳跃等姿态，摄像机永远都会跟随在后面，除非修改角色控制器组件中默认提供的源代码，源代码都在右侧监测面板视图中，直接打开就可以查看。

Unity3D 仿真游戏场景第三人称开发设计步骤如下：

1）创建天空盒。

在 Unity3D 集成开发环境中，首先导入 Unity3D 自带的天空盒资源后，通过渲染来显示天空盒背景。在主工具栏中选择"Edit（编辑）"→"Render Settings（渲染设置）"命令，然后选择 Skybox Material 来选择对应的天空盒材质，选择 Sunny1 Skybox（天空盒 1），则设置好了全景天空盒背景。

2）创建一个地面，在主菜单中选择 GameObject → Create Other → Plane，在场景中创建一个平面。

3）在菜单栏选择 Assets → Import Package → Character Controller 导入角色控制。

4）在工程文件夹中找到 Standard Assets、Character Controller、3rd Person Controller 将第三人称角色控制人物拖拽到场景中。

5）选择"run"跑步运行姿态，单击"运行"按钮，则第三人称角色在场景中跑动起来。如图 8-31 所示。

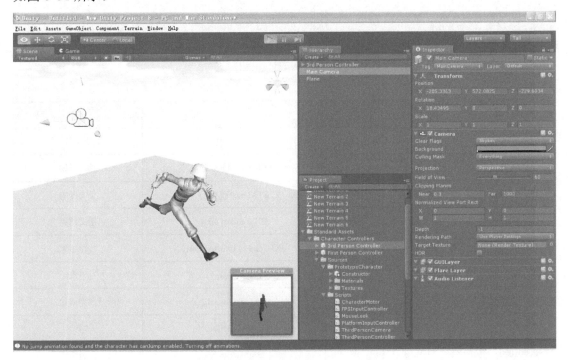

图 8-31 第三人称角色控制器设计效果

小 结

本章主要介绍了 Unity3D 虚拟仿真游戏的开发与设计，包括 Unity3D 虚拟仿真引擎简介、Unity3D 虚拟仿真地形设计和 Unity3D 虚拟仿真引擎设计案例。

在 Unity3D 集成开发环境设计中，了解 Unity3D 基本界面涵盖的场景面板、动画面板、层次清单栏、项目文件栏、对象属性栏、场景调整工具等主要界面。

利用 Unity3D 集成开发环境开发设计游戏场景、道具、物体以及各种造型等。复杂世界是由大量简单物体组成的，创建场景和造型要从最基础的物体开始设计和添加。要掌握这些设计和添加的过程，需要熟练掌握 Unity3D 集成开发环境。

在 Unity3D 集成开发环境中，提供了一些角色，如第一人称或第三人称游戏主角控制器，而不用刚体物理效果。使用角色控制器可以实现非常好的控制效果。可以将 Blender3D 模型直接导入 Unity3D-VR/AR 虚拟 / 增强现实技术的项目开发与设计平台中，实现 Unity3D+Blender-VR/AR 集成开发环境构建。

附录 ASCII 码字符集 (0 ~ 255)

二进制	八进制	十进制	十六进制	缩写 / 字符	解　释
00000000	0	0	00	NUL(null)	空字符
00000001	1	1	01	SOH(start of heading)	标题开始
00000010	2	2	02	STX(start of text)	正文开始
00000011	3	3	03	ETX(end of text)	正文结束
00000100	4	4	04	EOT(end of transmission)	传输结束
00000101	5	5	05	ENQ(enquiry)	请求
00000110	6	6	06	ACK(acknowledge)	收到通知
00000111	7	7	07	BEL(bell)	响铃
00001000	10	8	08	BS(backspace)	退格
00001001	11	9	09	HT(horizontal tab)	水平制表符
00001010	12	10	0A	LF(NL line feed, new line)	换行键
00001011	13	11	0B	VT(vertical tab)	垂直制表符
00001100	14	12	0C	FF(NP form feed, new page)	换页键
00001101	15	13	0D	CR(carriage return)	回车键
00001110	16	14	0E	SO(shift out)	不用切换
00001111	17	15	0F	SI(shift in)	启用切换
00010000	20	16	10	DLE(data link escape)	数据链路转义
00010001	21	17	11	DC1(device control 1)	设备控制 1
00010010	22	18	12	DC2(device control 2)	设备控制 2
00010011	23	19	13	DC3(device control 3)	设备控制 3

（续）

二进制	八进制	十进制	十六进制	缩写／字符	解　释
00010100	24	20	14	DC4(device control 4)	设备控制4
00010101	25	21	15	NAK(negative acknowledge)	拒绝接收
00010110	26	22	16	SYN(synchronous idle)	同步空闲
00010111	27	23	17	ETB(end of trans block)	传输块结束
00011000	30	24	18	CAN(cancel)	取消
00011001	31	25	19	EM(end of medium)	介质中断
00011010	32	26	1A	SUB(substitute)	替补
00011011	33	27	1B	ESC(escape)	溢出
00011100	34	28	1C	FS(file separator)	文件分割符
00011101	35	29	1D	GS(group separator)	分组符
00011110	36	30	1E	RS(record separator)	记录分离符
00011111	37	31	1F	US(unit separator)	单元分隔符
00100000	40	32	20	(space)	空格
00100001	41	33	21	!	
00100010	42	34	22	"	
00100011	43	35	23	#	
00100100	44	36	24	$	
00100101	45	37	25	%	
00100110	46	38	26	&	
00100111	47	39	27	'	
00101000	50	40	28	(	
00101001	51	41	29	)	
00101010	52	42	2A	*	
00101011	53	43	2B	+	
00101100	54	44	2C	,	
00101101	55	45	2D	-	
00101110	56	46	2E	.	
00101111	57	47	2F	/	
00110000	60	48	30	0	
00110001	61	49	31	1	

（续）

二进制	八进制	十进制	十六进制	缩写/字符	解　释
00110010	62	50	32	2	
00110011	63	51	33	3	
00110100	64	52	34	4	
00110101	65	53	35	5	
00110110	66	54	36	6	
00110111	67	55	37	7	
00111000	70	56	38	8	
00111001	71	57	39	9	
00111010	72	58	3A	:	
00111011	73	59	3B	;	
00111100	74	60	3C	<	
00111101	75	61	3D	=	
00111110	76	62	3E	>	
00111111	77	63	3F	?	
01000000	100	64	40	@	
01000001	101	65	41	A	
01000010	102	66	42	B	
01000011	103	67	43	C	
01000100	104	68	44	D	
01000101	105	69	45	E	
01000110	106	70	46	F	
01000111	107	71	47	G	
01001000	110	72	48	H	
01001001	111	73	49	I	
01001010	112	74	4A	J	
01001011	113	75	4B	K	
01001100	114	76	4C	L	
01001101	115	77	4D	M	
01001110	116	78	4E	N	
01001111	117	79	4F	O	

（续）

二进制	八进制	十进制	十六进制	缩写／字符	解　释
01010000	120	80	50	P	
01010001	121	81	51	Q	
01010010	122	82	52	R	
01010011	123	83	53	S	
01010100	124	84	54	T	
01010101	125	85	55	U	
01010110	126	86	56	V	
01010111	127	87	57	W	
01011000	130	88	58	X	
01011001	131	89	59	Y	
01011010	132	90	5A	Z	
01011011	133	91	5B	[	
01011100	134	92	5C	\	
01011101	135	93	5D	]	
01011110	136	94	5E	^	
01011111	137	95	5F	_	
01100000	140	96	60	`	
01100001	141	97	61	a	
01100010	142	98	62	b	
01100011	143	99	63	c	
01100100	144	100	64	d	
01100101	145	101	65	e	
01100110	146	102	66	f	
01100111	147	103	67	g	
01101000	150	104	68	h	
01101001	151	105	69	i	
01101010	152	106	6A	j	
01101011	153	107	6B	k	
01101100	154	108	6C	l	
01101101	155	109	6D	m	

（续）

二进制	八进制	十进制	十六进制	缩写/字符	解　释
01101110	156	110	6E	n	
01101111	157	111	6F	o	
01110000	160	112	70	p	
01110001	161	113	71	q	
01110010	162	114	72	r	
01110011	163	115	73	s	
01110100	164	116	74	t	
01110101	165	117	75	u	
01110110	166	118	76	v	
01110111	167	119	77	w	
01111000	170	120	78	x	
01111001	171	121	79	y	
01111010	172	122	7A	z	
01111011	173	123	7B	{	
01111100	174	124	7C	|	
01111101	175	125	7D	}	
01111110	176	126	7E	~	
01111111	177	127	7F	DEL(delete)	删除
10000000	200	128	80	€	
10000001	201	129	81		
10000010	202	130	82	,	
10000011	203	131	83	*f*	
10000100	204	132	84	„	
10000101	205	133	85	…	
10000110	206	134	86	†	
10000111	207	135	87	‡	
10001000	210	136	88	ˆ	
10001001	211	137	89	‰	
10001010	212	138	8A	Š	
10001011	213	139	8B	‹	

（续）

二进制	八进制	十进制	十六进制	缩写/字符	解　释
10001100	214	140	8C	Œ	
10001101	215	141	8D		
10001110	216	142	8E	Ž	
10001111	217	143	8F		
10010000	220	144	90		
10010001	221	145	91	'	
10010010	222	146	92	'	
10010011	223	147	93	"	
10010100	224	148	94	"	
10010101	225	149	95	•	
10010110	226	150	96	–	
10010111	227	151	97	—	
10011000	230	152	98	~	
10011001	231	153	99	™	
10011010	232	154	9A	š	
10011011	233	155	9B	›	
10011100	234	156	9C	œ	
10011101	235	157	9D		
10011110	236	158	9E	ž	
10011111	237	159	9F	Ÿ	
10100000	240	160	A0	(space)	半角空格
10100001	241	161	A1	¡	
10100010	242	162	A2	¢	
10100011	243	163	A3	£	
10100100	244	164	A4	¤	
10100101	245	165	A5	¥	
10100110	246	166	A6	¦	
10100111	247	167	A7	§	
10101000	250	168	A8	¨	
10101001	251	169	A9	©	

（续）

二进制	八进制	十进制	十六进制	缩写/字符	解　释
10101010	252	170	AA	ª	
10101011	253	171	AB	«	
10101100	254	172	AC	¬	
10101101	255	173	AD		
10101110	256	174	AE	®	
10101111	257	175	AF	¯	
10110000	260	176	B0	°	
10110001	261	177	B1	±	
10110010	262	178	B2	²	二次方
10110011	263	179	B3	³	三次方
10110100	264	180	B4	´	
10110101	265	181	B5	µ	
10110110	266	182	B6	¶	
10110111	267	183	B7	·	
10111000	270	184	B8	¸	
10111001	271	185	B9	¹	
10111010	272	186	BA	º	
10111011	273	187	BB	»	
10111100	274	188	BC	¼	
10111101	275	189	BD	½	
10111110	276	190	BE	¾	
10111111	277	191	BF	¿	
11000000	300	192	C0	À	
11000001	301	193	C1	Á	
11000010	302	194	C2	Â	
11000011	303	195	C3	Ã	
11000100	304	196	C4	Ä	
11000101	305	197	C5	Å	
11000110	306	198	C6	Æ	
11000111	307	199	C7	Ç	

（续）

二进制	八进制	十进制	十六进制	缩写/字符	解　释
11001000	310	200	C8	È	
11001001	311	201	C9	É	
11001010	312	202	CA	Ê	
11001011	313	203	CB	Ë	
11001100	314	204	CC	Ì	
11001101	315	205	CD	Í	
11001110	316	206	CE	Î	
11001111	317	207	CF	Ï	
11010000	320	208	D0	Ð	
11010001	321	209	D1	Ñ	
11010010	322	210	D2	Ò	
11010011	323	211	D3	Ó	
11010100	324	212	D4	Ô	
11010101	325	213	D5	Õ	
11010110	326	214	D6	Ö	
11010111	327	215	D7	×	
11011000	330	216	D8	Ø	
11011001	331	217	D9	Ù	
11011010	332	218	DA	Ú	
11011011	333	219	DB	Û	
11011100	334	220	DC	Ü	
11011101	335	221	DD	Ý	
11011110	336	222	DE	Þ	
11011111	337	223	DF	ß	
11100000	340	224	E0	à	
11100001	341	225	E1	á	
11100010	342	226	E2	å	
11100011	343	227	E3	ã	
11100100	344	228	E4	ä	
11100101	345	229	E5	å	

（续）

二进制	八进制	十进制	十六进制	缩写/字符	解　释
11100110	346	230	E6	æ	
11100111	347	231	E7	ç	
11101000	350	232	E8	è	
11101001	351	233	E9	é	
11101010	352	234	EA	ê	
11101011	353	235	EB	ë	
11101100	354	236	EC	ì	
11101101	355	237	ED	í	
11101110	356	238	EE	î	
11101111	357	239	EF	ï	
11110000	360	240	F0	ð	
11110001	361	241	F1	ñ	
11110010	362	242	F2	ò	
11110011	363	243	F3	ó	
11110100	364	244	F4	ô	
11110101	365	245	F5	õ	
11110110	366	246	F6	ö	
11110111	367	247	F7	÷	
11111000	370	248	F8	ø	
11111001	371	249	F9	ù	
11111010	372	250	FA	ú	
11111011	373	251	FB	û	
11111100	374	252	FC	ü	
11111101	375	253	FD	ý	
11111110	376	254	FE	þ	
11111111	377	255	FF	ÿ	

常见 ASCII 码的大小规则：0 ～ 9<A ～ Z<a~z

1）数字比字母小。如7<F；

2）数字0比数字9小，并按0到9顺序递增。如3<8；

3）字母A比字母Z小，并按A到Z顺序递增。如A<Z；

4）同个字母的大写字母比小写字母要小32。如A<a。

几个常见字母的 ASCII 码大小："A"为65；"a"为97；"0"为48。

参 考 文 献

[1] 张金钊，张金锐，张金镝，等. X3D 动画游戏设计 [M]. 北京：中国水利水电出版社，2010.

[2] 张金钊，张金锐，张金镝. X3D 网络立体动画游戏设计 [M]. 武汉：华中科技大学出版社. 2011.

[3] 张金钊，张金锐，张金镝. X3D 增强现实技术 [M]. 北京：北京邮电大学出版社. 2012.

[4] 张金钊，张金锐，张金镝，等. 三维立体动画游戏开发设计 [M]. 北京：北京邮电大学出版社. 2013.

[5] 张金钊，张金锐，张金镝. 互联网 3D 动画游戏开发设计 [M]. 北京：清华大学出版社. 2014.

[6] 张金钊. Unity3D 游戏开发与设计 [M]. 北京：清华大学出版社. 2015.

[7] 张金钊，张金镝. ZBrush 游戏角色设计 [M]. 北京：清华大学出版社. 2016.

[8] 张金钊，张金镝，孙颖. X3D 互动游戏交互设计 [M]. 北京：清华大学出版社. 2017.